普通高等教育"十二五"规划教材
全国普通高等学校优秀教材

C 语言程序案例教程
（第 2 版）

任 军　王宇龙　孔琳俊　主编

高印军　王　超　张　永　编

电子工业出版社
Publishing House of Electronics Industry
北京·BEIJING

内 容 简 介

本书是工业和信息产业科技与教育专著出版资金立项教材，是全国普通高等学校优秀教材。本书从实用性出发，针对初学者较为全面地介绍了 C 语言的语法规则、编程思路、编程方法和程序设计在具体应用方面的技能。全书共 9 章，主要内容包括：算法设计、C 语言的数据类型、表达式、语句结构、函数、指针、数组等。本书提供配套电子课件。

本书可作为高等院校理工科 C 语言程序设计课程的教材，也可作为高职高专及 C 语言自学者的教材和参考书。

图书在版编目（CIP）数据

C 语言程序案例教程/任军，王宇龙，孔琳俊主编. —2 版. —北京：电子工业出版社，2015.2
ISBN 978-7-121-25115-3

Ⅰ．①C… Ⅱ．①任… ②王… ③孔… Ⅲ．①C 语言－程序设计－高等学校－教材 Ⅳ．①TP312

中国版本图书馆 CIP 数据核字（2014）第 292674 号

策划编辑：王羽佳
责任编辑：周宏敏
印　　刷：三河市鑫金马印装有限公司
装　　订：三河市鑫金马印装有限公司
出版发行：电子工业出版社
　　　　　北京市海淀区万寿路 173 信箱　　邮编：100036
开　　本：787×1092　1/16　印张：11.25　　字数：288 千字
版　　次：2015 年 2 月第 2 版
印　　次：2024 年 1 月第 10 次印刷
定　　价：29.00 元

前　言

随着我国计算机技术的迅猛发展，社会对具备计算机基本能力的人才需求急剧增加，具备计算机基本知识与能力已成为 21 世纪人才的基本素质之一。

未来社会利用计算机解决问题已经成为了一种主流。要想做到这一点，必须首先将现实世界的事物抽象成计算机能够识别并加工的数据，接着抽象出加工的流程，然后用计算机的语言描述加工流程，最后提交计算机执行。这就需要我们具备相应的计算思维能力。因此计算思维在人类未来的工作和生活中极为重要，而程序设计正是培养计算思维能力的一个很好的平台。

为了适应高等学校正在开展的以计算思维能力培养为重点的大学计算机教育的教学改革，及时反映计算机基础教学的研究成果，积极探索适应 21 世纪人才培养的教学模式，我们编写了这本 C 语言程序设计案例教程。

C 语言是目前世界上使用最为广泛的计算机程序设计语言。由于其强大的功能，特别是其高级语言的表示风格和低级语言特性，使得利用 C 语言在编写应用程序和系统软件方面都得天独厚，成为目前最为实用且功能强大的编程语言，因而被大多数高等院校当作理工科学生的公共必修课程。但是其精细的语言规则和强悍的计算思维成为初学者学习 C 语言的两道屏障。对于学 C 语言的初学者而言，必须通过大量的程序实例，由浅入深逐步体会 C 语言的语法规则和计算思维，才能达到具有使用 C 语言编写程序的基本能力。

本书采用知识讲解、程序案例、实验、反思的书写形式，将知识点融入程序案例，以程序案例带动知识点的学习，并在关键点上通过"知识延伸"和"思维拓展"的方式引发读者的思考来提高其对该课程的学习兴趣，同时配以一定的实验，四者相辅相成。在具体程序案例的讲解中，通过阅读问题、展开分析、给出解题思路并结合 C 语言的语法规则，使读者理解并掌握 C 程序设计思想的具体实现过程，通过实验中的实验目的和具体要求，将问题由易到难逐步编程，从而掌握 C 语言。

任军老师负责本书统稿，并编写了本书第 1 章，第 2~5 章由王宇龙编写，第 6、7 章由孔琳俊编写，第 8 章由高印军编写，第 9 章由王超编写，附录 A 由张永编写。

本书向使用本书作为教材的老师提供免费电子课件、程序代码和习题参考答案，请登录华信教育资源网 http://www.hxedu.com.cn 注册下载。

本书在编写过程中一直致力于将理论与实践紧密结合的原则，然而由于时间较为仓促，加之编写者水平有限，书中难免出现不妥之处和局部错误，敬请读者批评指正。

目　录

第1章 算法与C程序设计

人类社会是伴随着一个又一个现实问题的解决而得以发展变化和推进的。而要解决这些问题则需要相应的方法和步骤，这些方法和步骤就称为算法。当计算机走进人类社会后，人们开始考虑并最终实现用计算机帮助人类们解决许多琐碎和复杂的问题。要让计算机为人类做事，就必须事先设计出一系列的操作步骤，并用计算机语言写成程序，这就是程序设计，而解决问题的方法和步骤，就称为算法。求解一个给定的可计算或可解的现实问题，不同的人可以设计出不同的程序，这里存在两个问题：一是与处理方法密切相关的算法问题；二是程序设计的技术问题。因此算法和程序之间存在着密切的关系。

1.1 算 法

1.1.1 算法的相关知识

1. 算法的定义

算法是一组有穷的规则，它们规定了解决某一特定类型问题的一系列运算，是对解题方案的准确与完整的描述。算法的最早提出源于算术运算。如算式：$(12+8)×3-(9-3)÷3$ 的运算就是数字在运算符的操作下，按照规则进行的数值变换，而这个"规则"就是算法。随着人类社会问题的不断增加和复杂化，要想很好地解决问题，均需要按照一定规则逐步展开。比如，上淘宝购物、到图书馆借书、找工作等都有相应的规则和操作步骤，因此"算法"一词也从数值计算领域延伸到了非数值计算领域。

随着网络技术和智能化技术的发展，计算机已成为人们日常生活和工作中不可缺少的工具。网上炒股、看电影、玩游戏、聊天、画卡通画、远程数据分析与预测，计算机几乎渗透到人们生活的所有领域，而这些功能的实现都需要借助不同的软件，没有软件，计算机就失去了作用，而软件是由编程语言开发的，例如，C语言特别适合于开发软件以完成特定的任务。要想设计出符合要求的软件，就必须针对问题首先设计出解决办法，然后再用计算机去实现，因此算法学习成为了软件设计的基础。

学习算法包括许多方面，但最主要的体现在三个方面：①分析。分析问题是实施算法设计的基础，只有充分地分析问题，才能清楚已知什么、需要解决什么问题、哪些是核心问题、哪些是后续问题等，从而对整个问题做到心中有数。②算法设计。算法设计是根据前面的分析，将解决问题的方法明确的过程。它是学习算法的核心，也是算法学习的难点。③算法表示。算法表示就是将算法描述出来。描述算法的方法有多种形式，例如自然语言和流程图，每种形式都有其适用的环境和特点。

当算法设计出来后，接下来就要着手进行程序设计了。那么是否所有问题的算法都可以转化为程序呢？答案是否定的。根据图灵理论，只要能够分解为有限步骤，并且每一步都可以转化为计算机可以执行的程序指令的问题，才是计算机可以解决的问题。这里面包含两层含义，一是算法的步骤必须是有限的，二是算法的每一步最终都可以转化为计算机能够执行的代码。我们将能够转化为程序的算法称为计算机算法。即利用计算机解决问题的规则，称为计算机算法。如求两个正整数的最大公约数、线性方程的求解方法、文字处理方法、信息查找方法等都是算法。

综上所述，算法是求解问题步骤的有序集合。

知识的延伸：

为什么算法研究是计算机科学的核心课题之一？

一个软件的核心是程序。一个程序包括数据的描述和对处理操作的描述两个方面。著名计算机科学家沃斯（Nikiklaus Wirth）就此提出一个公式：算法+数据结构=程序。其中算法就是对处理规则和操作的描述，而数据结构则是对加工处理所需数据的描述。显然算法设计是程序设计的基础。

2．算法的基本特征

作为一个算法，一般应具有以下 5 个特征。

（1）可行性

任何一个算法的执行过程往往都要受到环境和处理工具的限制。比如"攀岩"在室内、室外的方案就会有所不同，而要想随意攀喜马拉雅山的岩壁就只能是白日做梦了。因此，在设计一个算法时，必须要考虑它的可行性，否则就得不到满意的结果，甚至得不到结果。

（2）确定性

算法中的每一步最终都要落到实处，因此其每一步都必须有明确的定义，绝不允许有含糊其辞和模棱两可的二义性解释。

（3）有穷性

算法必须在有限、合理的时间内做完。即算法必须在执行有限个操作步骤后终止。而且其执行时间必须在合理的范围内，不能没完没了地拖延下去，无休止的拖延就失去了算法的使用价值。

（4）零到多个输入

算法的执行就意味着问题的解决，而解决问题是需要数据对象的，这些数据对象的初始状态可能需要动态获取，这就需要有相应的输入才能保证算法执行有起点。至于输入的多少取决于特定问题。当然，如果数据对象的初始状态是静态的，那就可以在算法操作步骤中直接给出，而无须再输入。

（5）至少一个输出

执行算法的最终目的是希望得到相应的结果。如果一个算法执行后没有任何结果，这样的算法将毫无意义。

3. 算法设计基本方法

计算机解题的过程实际上是在实施某种算法，这种算法称为计算机算法。计算机算法不同于人工处理的方法。

本节介绍工程计算上常用的几种算法设计方法，在实际应用时，各种方法之间往往存在着一定的联系。

（1）列举法

列举法又称为穷举法，是基于计算机的特点而进行解题的思维方法。其基本思想是，根据提出的问题，列举所有可能的情况，然后通过一一验证是否符合整个问题的求解要求而得到问题的解。因此，列举法常用于解决"是否存在"或"有多少种可能"等类型的问题，例如求解不定方程的问题。

列举法的特点是算法简单，但运行时所花费的时间量大。有些问题所列举出来的情况数目会大得惊人，就是用高速的电子计算机运行，其等待运行结果的时间也将令人无法忍受。因此，我们在用列举法解决问题时，应尽可能将明显的不符合条件的情况排除在外，以尽快取得问题的解。通常，在设计列举算法时，只要对实际问题进行详细的分析，将与问题有关的知识条理化、完备化、系统化，从中找出规律；或对所有可能的情况进行分类，引出一些有用的信息，是可以大大减少列举量的。

列举法是计算机应用领域中使用极为广泛的方法。许多实际问题，若采用人工列举是不可想象的，但由于计算机的运算速度快，可以很方便地进行大量列举。列举法虽然是一种比较笨拙而原始的方法，其运算量比较大，但在有些实际问题中（如寻找路径、查找、搜索等问题），局部使用列举法却是很有效的，因此，列举法是计算机算法中的一个基础算法。

（2）归纳法

归纳法是从个别性知识引出一般性知识的推理方法，它的基本思想是，通过列举少量具有代表性的信息，经过分析，最后找出一般性的结论。显然，归纳法要比列举法更能反映问题的本质，并且可以解决穷举法无法解决的问题。但是，从几个特殊情况总结归纳出一般的关系并不是一件容易的事情，尤其是要归纳出一个数学模型则更为困难。

归纳是一种抽象，即从特殊现象中找出一般关系。但由于在归纳的过程中不可能对所有的情况进行列举，而通过精心观察而得到的猜测常常会是错的，因此，最后由归纳得到的还只是一种猜测，还需要对这种猜测加以必要的证明才会得到结论。

（3）递推

所谓递推，是指从已知的初始条件出发，逐次推出所要求的各序列结果和最后结果。其中初始条件或是问题本身已经给定，或是通过对问题的分析与化简而确定。递推本质上也属于归纳法，工程上许多递推关系式实际上是通过对实际问题的分析与归纳而得到的，因此，递推关系式往往是归纳的结果。

递推算法在数值计算中是极为常见的。其思想是把一个复杂而庞大的计算过程转化为简单过程的多次重复。它是计算机中的一种常用算法，该算法利用了计算机速度快和不知疲倦的机器特点。

（4）递归

人们在解决一些复杂问题时，为了降低问题的复杂程度（如问题的规模等），一般总是将问题逐层分解，最后归结为一些规模较小的同类的简单问题。这种将问题逐层分解的过程实际上并没有对问题进行求解，而只是当解决了最后那些同类的简单问题后，再沿着原来分解的逆过程逐步进行综合，这就是递归的基本思想。在工程实际中，有许多问题就是用递归来定义的，数学中的许多函数也是用递归来定义的。递归在计算机程序设计中占有很重要的地位。

递归分为直接递归与间接递归。如果一个函数显式地调用自己则称为直接递归；如果函数调用另一个函数，而另一个函数又调用函数，则称为间接递归调用。

有些实际问题，既可以归为递归算法，又可以归为递推算法。但递推与递归的实现方法是大不一样的。递推是从初始条件出发，逐次推出所需求的结果；而递归则是从算法本身到达递归边界的。通常，递归算法要比递推算法清晰易读，其结构比较简练。特别是在许多复杂的问题中，很难找到从初始条件推出所需结果的全过程，此时，设计递归算法要比递推算法容易得多。但递归算法开销较大、执行效率比较低。

（5）回溯法

回溯算法也叫试探法，它是一种系统地搜索问题的解的方法。其基本思想是：从一条路往前走，能进则进，不能进则退回来，换一条路再试。它是对工程中既不能用归纳法，又不能用递推、递归法，也不能进行无限列举的一类问题所采用的一种方法。对于这类问题，一种有效的方法就是"试"。通过对问题的分析，找出一个解决问题的线索，然后沿着这个线索逐步试探，对于每一步的试探，若试探成功，就得到问题的解；若试探失败，就逐步回退，换别的路线再进行试探。回溯法在处理复杂数据结构方面有着广泛的应用。

思维拓展：

①　8个人两两握手，规定每两个人必须握一次手并且只能握一次，用列举法求这8个人应该握手的总次数。

②　有一位父亲想考考他的两个儿子，看谁更聪明一些。他给每人1筐花生去剥皮，看看每一粒花生是否都有粉衣包着，看谁先给出答案。大儿子费了很大的力气将花生全部剥完了；二儿子只捡了几个饱满的、几个干瘪的、几个熟透的、几个没熟的、几个三仁的、几个两仁的和几个一仁的，总共不过一把花生就得出了结论，显然二儿子比大儿子聪明。那么二儿子用了什么方法？大儿子用的是什么方法？

4．算法的构成要素

一个算法通常由两种基本要素组成：一是对数据对象的运算和操作，二是算法的控制结构。

（1）算法中对数据的运算和操作

每个算法实际上是根据题意并结合环境选择合适的规则操作所组成的一组指令序列。因此，计算机算法就是计算机能处理的规则操作所组成的指令序列。而指令是计算机可以执行的基本操作。

操作离不开运算。在一般的计算机系统中，基本的操作运算有以下四类：

① 算术运算。主要包括加、减、乘、除等运算。

② 逻辑运算。主要包括与、或、非等运算。

③ 关系运算。主要包括大于、小于、等于、不等于等运算。

④ 数据传输。主要包括赋值、输入、输出等操作。

在编制计算机的算法时通常要考虑很多与方法和分析无关的细节问题（如语法规则），因此在设计算法的一开始，通常并不直接利用计算机来描述算法，而是用别的描述工具（如流程图，专门的算法描述语言，甚至用自然语言）来描述算法。但不管用哪种工具来描述算法，算法的设计一般都要从上述 4 种基本操作运算考虑，根据题意从这些基本操作中选择合适的操作组成解题的操作序列。

知识的延伸：

计算机算法与传统数学算法的区别是什么？

计算机算法的主要特征着重于算法的动态执行，它区别于传统的着重于静态描述或按演绎方式求解问题的过程。传统的演绎数学是以公理系统为基础的，问题的求解过程是通过有限次推演来完成的，每次推演都将对问题进行进一步的描述，如此不断推演，直到直接将结果描述出来为止。而计算机算法则是使用一些最基本的操作，通过对已知条件一步一步地加工和变换，从而实现解题目标。这两种方法的解题思路是不同的。

（2）算法的控制结构

一个算法的功能不仅取决于所选用的操作，而且还与各操作之间的执行顺序有关。算法中各操作之间的执行顺序称为算法的控制结构。

算法的控制结构给出了算法的基本框架，它不仅决定了算法中各操作的执行顺序，而且也直接反映了算法的设计是否符合结构化原则。描述算法的工具通常有自然语言、传统流程图、N-S 结构化流程图、算法描述语言等，而流程图特别是传统流程图是初学者最为喜欢的算法表示。一个算法一般都可以用顺序、选择、循环三种基本控制结构组合而成。我们通过下面的传统流程图的示意图，直观地了解这三种结构及图框。

① 顺序结构，如图 1.1 所示。

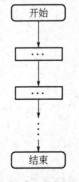

图 1.1　顺序结构

② 选择结构，如图 1.2 所示。

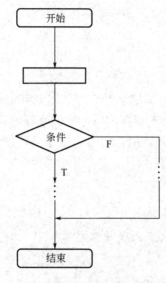

图 1.2   选择结构

③ 循环结构，如图 1.3 所示。

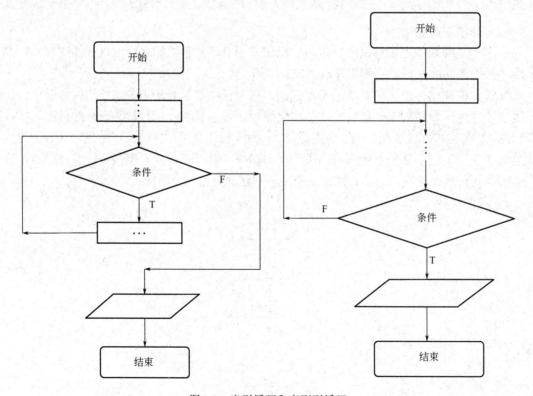

图 1.3   当型循环和直到型循环

④ 常用图框, 如表 1-1 所示。

表 1-1　流程图常用图框与表示

图框	表示	图框	表示
⬭	起止框	▭	处理框
→	流程线	▱	输入/输出框
◇	判断框	○	连接点

知识的延伸:

N-S 结构化流程图的三种基本结构框图是怎样的?

N-S 结构化流程图是将传统流程图的流程线取消改造后所得的框图, 具体转化为:

① 顺序结构, 见图 1.4。先执行 A 操作, 再执行 B 操作, 两者是按照书写顺序执行的关系。图 1.4 (a) 是传统流程图, 图 1.4 (b) 是 N-S 结构化流程图 (下同)。

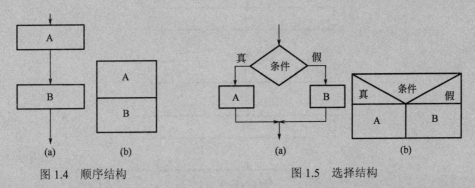

图 1.4　顺序结构　　　　　　　　　　图 1.5　选择结构

② 选择结构, 见图 1.5。当条件成立时执行 A, 否则执行 B, 两者只能执行其一。

③ 循环结构, 分两种:

● 当型循环结构, 见图 1.6。当条件成立时, 反复执行 A 操作, 条件不成立时停止循环。

● 直到型循环结构, 见图 1.7。先执行 A 操作, 再判断条件是否为"真", 若条件为"真", 再执行 A, 如此反复, 直到条件为"假"为止。

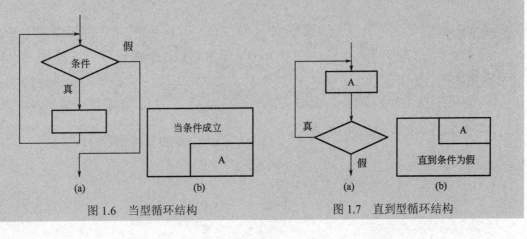

图 1.6　当型循环结构　　　　　　　图 1.7　直到型循环结构

1.1.2 算法表示案例

【案例1.1】 互换变量 a 和变量 b 的值。

案例分析：

在计算机中，一个变量在内存均要占据相应的存储单元。存储器的特性：一个存储单元一次只能存储一个值，当新值进入时，原值就被覆盖。因此不能直接将 a 的值赋给 b，或直接将 b 的值赋给 a，而应借助一个中间变量 c 来过渡。

具体算法（见图1.8）：

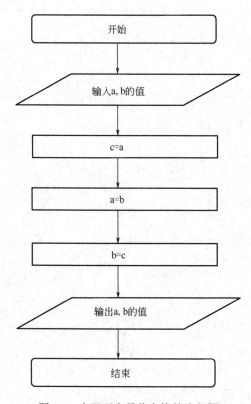

图 1.8 实现两变量值交换的流程图

思维拓展：

① 若案例1.1缺少第1步：输入 a,b 的值，算法是否会出问题？若出了问题，则问题出在哪里？

② 变量 c 的作用是什么？

【案例1.2】 求以下函数的解。

$$y = \begin{cases} 1, & x > 0 \\ 0, & x = 0 \\ -1, & x < 0 \end{cases}$$

案例分析：

该函数应该分三种情况讨论：

① 当 x>0 时，函数的值是 1；

② 当 x=0 时，函数的值是 0；

③ 当 x<0 时，函数的值是-1。

但若想求出 y 的值，则需首先输入 x 的值。

具体算法（见图 1.9）：

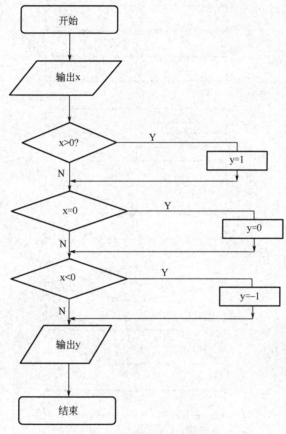

图 1.9　求函数值的流程图

【案例 1.3】　求 1+2+⋯+100 的值。

案例分析：

通常，我们采用以下步骤进行计算：

第 1 步，0+1=1

第 2 步，1+2=3

第 3 步，3+3=6

第 4 步，6+4=10

⋮

第 100 步，4950+100=5050

可以看出这个步骤中包含重复的操作，所以可以用循环结构来表示。分析上述计算过程，可以发现：第(i−1)步的结果+i=第 i 步的结果。

为了方便、有效地表示上述过程，我们用一个累加变量 s 来表示上一步的计算结果，即把 s+i 的结果仍记为 s，从而把第 i 步可以表示为 s=s+i。

其中，s 的初始值为 0，i 依次取 1，2，…，100，由于 i 同时记录了循环的次数，所以也称为计数变量。

具体算法见图 1.10。

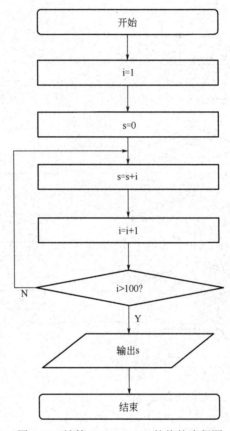

图 1.10   计算 1+2+⋯+100 的值的流程图

思维拓展：

① 求 1+3+5+7+⋯+99 的值，算法该如何描述？

② 求 2+4+6+8+⋯+100 的值，算法该如何描述？

③ 求 1+1/2+1/3+1/4+⋯+1/100 的值，算法该如何描述？

④ 求 1-1/2+1/3-1/4+⋯-1/100 的值，算法该如何描述？

1.2 C 程序设计

随着计算机应用领域的不断扩大，大量的实际问题均需利用计算机解决。而学习程序设计语言可以培养读者运用算法来解决实际问题的能力，这种解决问题的方式和能力是计算机所独有的，也只有通过对计算机程序设计语言和程序设计方法的学习才有可能获得这种解决问题的能力。在当今从某种意义上说，用算法解决问题的能力甚至比数值计算的能力更为重要。而要想利用计算机解决问题，首先需要把解决问题的方法和步骤设计出来，然后用计算机的编程语言表示出来，我们将这个过程就称为程序设计。由此可见，程序设计离不开对问题的分析、程序设计的基本方法和程序设计语言。

1.2.1　分析问题

为了能编写出解决问题的程序，首先应该分析问题，然后设计算法，组织数据并用高级语言编写程序指令。分析问题是第一步，也是最重要的步骤，这一步需要做下面几方面的工作。

1．明确问题的性质

计算机能够解决的问题不外乎两类：一类是数值计算问题，另一类是非数值计算问题。不管是哪类问题，其所用的方法、工具以及输入/输出的形式都会有所不同，因此明确问题的性质是问题分析的基础。

2．了解解决问题的必要条件

这些必要条件包括：程序是否需要与用户建立联系，程序是否要处理数据，程序是否有输出，需要什么样的结果。如果程序要对数据进行操作，那么还必须知道数据是什么以及这些数据代表什么。如果程序产生输出结果，还应该知道怎样产生结果以及以何种形式来输出结果。

3．合理分解问题

如果问题比较复杂，应该把复杂问题分解为若干个小问题，每个小问题只完成一项简单的功能，并且每个小问题都重复步骤 1 和 2。

1.2.2　C 程序设计的基本方法

C 程序设计的基本方法就是结构化程序设计方法。结构化设计方法也称为自上而下的设计、逐步细化和模块化编程，即把问题分解为若干个子问题的方法。在结构化设计中，问题被分解为若干个较小的问题，然后把所有子问题的解决方法结合在一起来解决整个问题。执行结构化设计的过程称为结构化编程。结构化程序设计要求把程序的结构限制为顺序、选择和循环三种基本控制结构，以便于提高程序的可读性。采用这种结构开发出来的程序具有清晰的结构层次，易于理解并便于修改调试。

结构化程序设计的模块化编程是指将一个大问题按照人们能够理解的大小进行分解。由于分解的问题较小，因此比较容易实现。在进行模块化编程时，要重点考虑以下两个问题。

1．按功能划分模块

按功能划分模块的基本原则是：按照人们解决复杂问题的普遍规律使每个模块都易于理解，同时各模块的功能尽可能单一，各模块之间的联系尽量少，从而保证各模块的可读性和可理解性。

2．按层次组织模块

按层次组织模块是划分模块的最好形式之一。在按层次组织模块时，一般上层模块只指出"做什么"，具体"怎么做"由下层模块精确描述。如图1.11所示的层次结构中，上层模块给出任务，最后一层模块才精确描述"怎么做"。

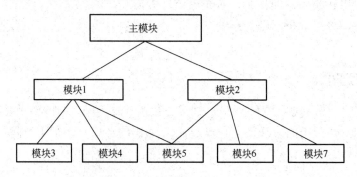

图1.11　按层次组织的模块划分图

1.2.3　C语言程序的构成和基本格式

1．一个简单的C程序案例

【案例1.4】　求半径为5的圆面积。

程序如下：

```
#include "stdio.h"
main( )
{
    float  r, s;                /*定义变量r, s*/
    r=5;                        /*给半径r赋值*/
    s=3.14*r*r;                 /*求出圆面积并放入变量s*/
    printf("s=%f", s);          /*输出圆面积的值*/
}
```

2．C语言程序的构成和基本成分格式

（1）C语言程序的构成

① C语言程序是由函数构成的。一个C语言程序可以包含若干个函数，但必须有且只有一个名为 main 的主函数，任何一个 C 语言程序都是从主函数开始执行。没有主函数

main( )，C 语言程序将不能执行。

② C 语言程序的每个函数均由函数头部（如以上程序中的 main( )）和函数体"{ }"组成，函数头部的圆括号中间可以为空，但这对圆括号不能省略。

③ C 语言的函数体由左花括号"{"开始，右花括号"}"结束。函数体包括数据定义部分和执行部分。以上程序的第 4 行就是定义部分，而第 5～7 行是执行部分。程序通过执行部分向计算机系统发出操作指令。

（2）C 语言程序的基本成分格式

C 语言的基本成分为语句、命令和注释。

① 语句以分号"；"结束，特别要注意，分号"；"是 C 语句的一个组成成分，不能省略。C 语言的语句主要包括两种：定义语句，表达式语句。

② 定义部分的语句叫定义语句，在上述程序中只有一个定义语句，该语句的作用就是对程序中所需要的 r，s 进行定义并说明它们是 float 类型。

③ 表达式语句就是表达式加分号。其中若表达式是赋值表达式，则该语句即为赋值语句。程序的第 5 行是一条给半径 r 赋值的语句，第 6 行是计算圆面积的值并赋给 s 的语句，第 7 行是按照定义的数据格式将 s 输出到终端屏幕上的语句。

④ 为了提高程序的可读性，在书写程序时可以对程序加注释。注释用符号"/*"和"*/"括起来。其中"/"和"*"之间不能出现空格，并且"/*"和"*/"必须成对出现。而注释内容可以使用英文，也可以使用中文。

⑤ 命令放置在函数体外，C 语言的命令必须以"#"号开头，最后不加分号"；"。程序的第 1 行是一条命令，不是 C 语句。双引号括起来的 stdio.h 是系统提供的有关输入/输出函数信息的文件名，它是为程序中标准函数 pringf 的使用提供支持的。通常 C 语言的输入/输出都是通过标准函数实现的，调用不同的标准函数就要包含不同的文件。

思维拓展：

① 若将案例 1.4 的第 2 行改写为：

```
main( );
```

错在哪里？

② 若将案例 1.4 的最后一行改写为：

```
};
```

错在哪里？

1.3　C 语言程序的集成开发环境

微机上常用的 C 语言的集成开发环境主要有 Turbo C 2.0、Borland C++ 3.0、Microsoft Visual C++ 6.0 等，本书采用的是 Microsoft Visual C++ 6.0 的集成开发环境。

Visual C++ 6.0 系列产品是微软公司推出的一款优秀的 C++集成开发环境，因其良好的

界面和可操作性而被广泛应用。由于 2000 年以后，微软全面转向.NET 平台，Visual C++ 6.0
成为支持标准 C/C++规范的最后版本。

　　一个 C 语言程序的生成及运行过程如图 1.12 所示。

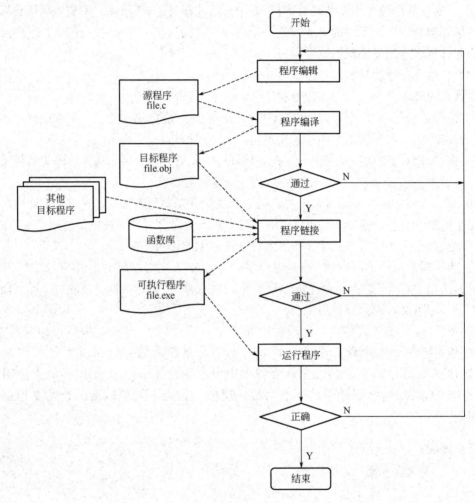

图 1.12　C 程序上机执行过程

1．启动 Visual C++ 6.0

　　单击 Windows "开始" 菜单，选择 "程序" 组下 "Microsoft Visual Studio 6.0" 子组下
的快捷方式 Microsoft Visual C++ 6.0，启动 Visual C++ 6.0，如图 1.13 所示。

2．创建一个新的 C++源程序

　　打开 "文件" 菜单，单击 "新建" 命令，进入 "新建" 对话框（如图 1.14 和图 1.15 所
示），选择该对话框的 "文件" 页，在该页的文件功能列表中双击 "C++ Source File" 项，
输入文件名，以及相应的文件位置，单击 "确定" 按钮，则进入到程序文件编辑窗口。

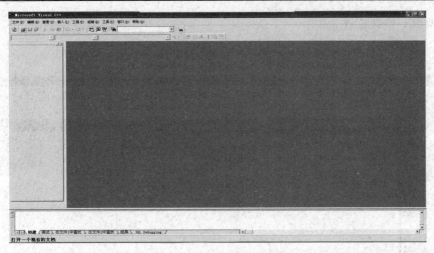

图 1.13 Visual C++ 6.0 环境

图 1.14 Visual C++ 6.0 文件菜单

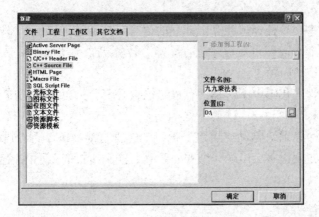

图 1.15 "新建"对话框

3．编辑 C++源程序

在中间空白编辑区中输入 C 语言源程序，如图 1.16 所示。

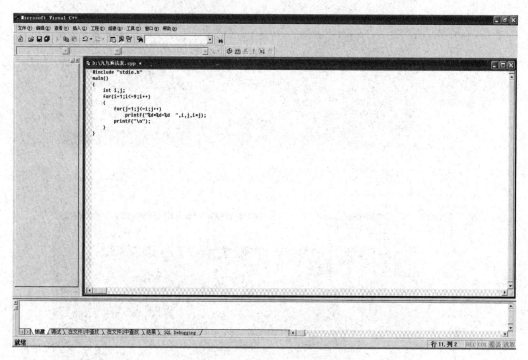

图 1.16　C 语言程序编辑

4．保存 C++文件

程序编辑完毕（或者程序部分编辑完成），可以执行文件保存命令（"保存"或"另存为"）以保存文件，或直接按 Ctrl+S 组合键。

源程序文件（C++ Source File）的扩展名为*.cpp。

5．编译源程序

一个 C++源程序必须翻译成计算机能懂的语言，这个过程称为"编译"。在"组建"菜单中选择"编译"命令，即可对程序进行编译。计算机会弹出一个对话框询问是否创建工作区，单击"是"按钮即可。

编译完成后，程序代码中不管是否有语法错误，都会弹出如图 1.17 所示的窗口，给予提示。

如果有错误，可以通过拖动"组建"窗口中的垂直滚动条，查看错误原因，在其上双击鼠标左键，即可在源程序上出现一个实心箭头，箭头所指的上下区域便是错误所在。

6．运行程序

当编程没有语法错误后，就可以运行程序了。在"组建"菜单中选择"执行"命令，

或按快捷键 "Ctrl+F5"，或单击调试工具栏中的 ！即可运行程序，并弹出程序结果显示窗口，如图 1.18 所示。

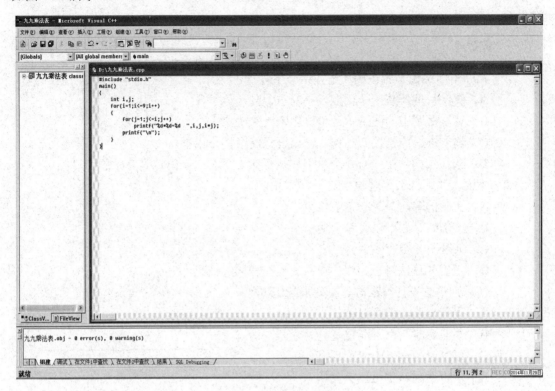

图 1.17　编译过程窗口

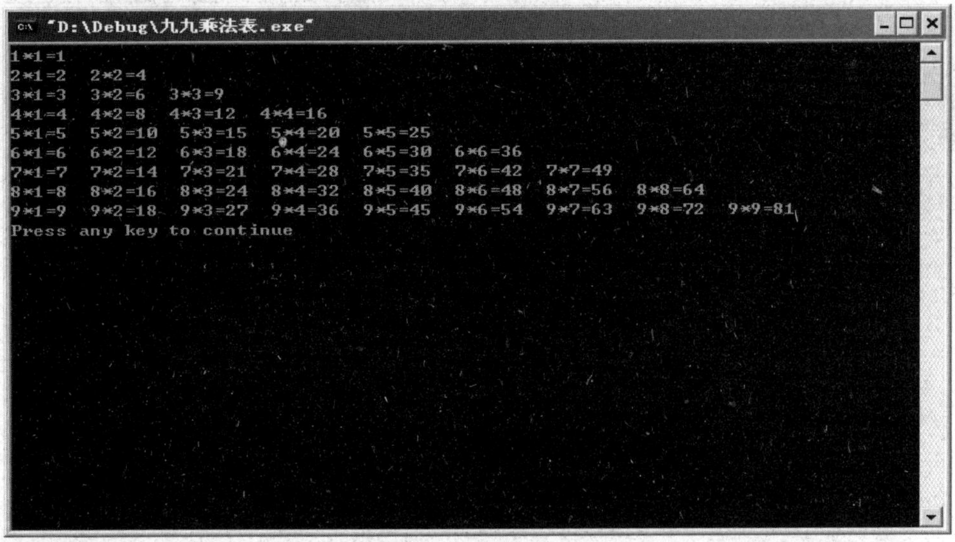

图 1.18　程序结果显示窗口

经此过程，即可建立、执行一个 C++程序了。

练习与实战

一、选择题

1.1　判断下面结论是否正确（请在括号中打"✓"或"✗"）。

A. 算法只能解决一个问题，不能重复使用。　　　　　　（　　）

B. 算法框图中的图形符号可以由个人来确定。　　　　　（　　）

C. 输入框只能紧接开始框，输出框只能紧接结束框。　（　　）

D. 选择结构的出口有两个，但在执行时，只有一个出口是有效的。（　　）

1.2　下面关于算法的错误说法是（　　　　）。

A. 正确的算法最终一定会结束

B. 正确的算法可以有零个输出

C. 算法不一定有输入

D. 正确的算法对于相同的输入一定有相同的结果

1.3　使用列举法设计算法时，在列举问题可能解的过程中（　　　　）。

A. 不能遗漏，但可以重复

B. 不能遗漏，也不应重复

C. 可以遗漏，但不应重复

D. 可以遗漏，也可以重复

1.4　下列关于算法的叙述不正确的是（　　　　）。

A. 算法是解决问题的有序步骤

B. 算法具有确定性、可行性、有限性等基本特征

C. 一个问题的算法都只有一种

D. 常见的算法描述方法有自然语言、图示法等

1.5　阅读如图 1.19 所示的程序框图，若输入的 a，b，c 分别是 21，32，75，则输出的 a，b，c 分别是（　　　　）。

A. 75，21，32

B. 21，32，75

C. 32，21，75

D. 75，32，21

1.6　算法中通常需要三种不同的执行流程，即（　　　　）。

A. 连续模式、选择模式和循环模式

B. 顺序模式、结构模式和循环模式

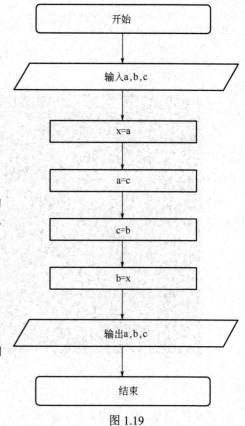

图 1.19

C. 结构模式、选择模式和循环模式

D. 顺序模式、选择模式和循环模式

1.7　算法的特征是：有穷性、（　　　）、可行性、有 0 个或多个输入和至少一个输出。

A. 稳定性　　　　　　　　　　　B. 确定性

C. 正常性　　　　　　　　　　　D. 快速性

1.8　鸡、兔同笼问题，有腿共 50 条，问鸡、兔各有多少只？下面鸡和兔的只数最合理的范围是（　　　）。

A. 鸡：1 到 23，兔：1 到 12

B. 鸡：2 到 23，兔：1 到 12

C. 鸡：1 到 23，兔：2 到 12

D. 鸡：2 到 23，兔：2 到 12

1.9　已知一个算法：

① m=a

② 如果 b<m，则 m=b，输出 m；否则执行第③步

③ 如果 c<m，则 m=c，输出 m

如果 a=3，b=6，c=2，那么执行这个算法的结果是（　　　）。

A. 3　　　　　　　　　　　　　　B. 6

C. 2　　　　　　　　　　　　　　D. m

1.10　某算法框图如图 1.20 所示，该程序运行后输出的 k 值是（　　　）。

A. 4　　　　　　　　　　　　　　B. 5

C. 6　　　　　　　　　　　　　　D. 7

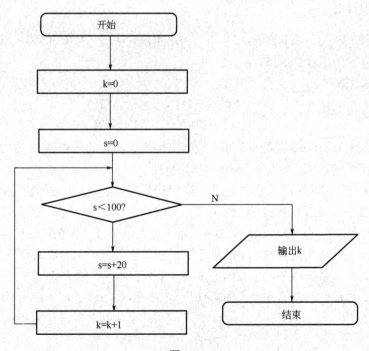

图 1.20

1.11　阅读如图 1-21 所示的算法框图，则输出的 y 为（　　　）。

    A．y=sin (x)   B．y=cos (x)

    C．sin (x)< cos (x)   D．无法确定

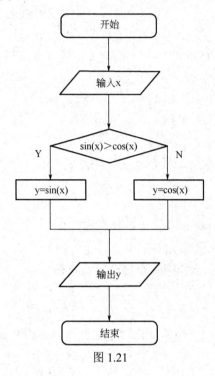

图 1.21

二、算法设计题

1.12　$f(x)=x^2-2x-3$，求 f(3)、f(-5)、f(5)，并计算 f(3)+f(-5)+f(5)的值，设计出解决该问题的一个算法，并画出算法框图。

1.13　已知函数：

$$y = \begin{cases} 0.5x & (x < 50) \\ 0.6(x-50)+25 & (x > 50) \end{cases}$$

计算当输入 x 为 60 时，函数 y 的值，设计出解决该问题的一个算法，并画出算法框图。

1.14　画出解一元一次方程 $ax+b=0$ 的算法框图。

1.15　有 3 个等值的硬币，其中有一个假币略重，而其余 2 个硬币质量相等，请比较 1 次，选出那枚假币，画出相应的算法框图。

1.16　齐天大圣带回一堆桃子，交由 5 只猴头来分。第一只猴头把这堆桃子平均分为五份，多了一个，这只猴头把多的一个偷偷吃了，并拿走了一份。第二只猴头把剩下的桃子又平均分成 5 份，又多了一个，它同样把多的一个偷偷吃了，也拿走了一份，第三、第四、第五只猴头都是这样做的，问齐天大圣原来最少带回多少个桃子？（提示：先预支 4 个桃子给它们）。

第 2 章　C 语言基础

2.1　C 语言特点

C 语言诞生于 1972 年，由于其强大的功能和语言表达力而受到大多数程序员的青睐，使得 C 语言成为国际上广泛流行的、适合各类软件开发的计算机高级语言。经历了 20 世纪 70 年代的研究、应用和发展，1983 年美国国家标准协会（ANSI）开始编制 C 语言标准，1988 年正式完成，1989 年 12 月正式通过。1990 年国际标准化组织通过该项标准，我们将这些标准中的 C 语言称为"ANSI C"，目前流行的 C 语言编译系统大多是以 ANSI C（标准 C）为基础进行开发的，但不同版本的 C 编译系统所实现的语言功能和语法规则略有差别。

2.1.1　C 语言的来历

C 语言产生在美国电话电报公司（AT&T）的贝尔实验室，是实验室研究员 Ken Thampson、D. M. Ritchie 及其同事在开发 UNIX 操作系统的过程中所得到的副产品。它是在 B 语言的基础上发展起来的。1970 年美国贝尔实验室的 Ken Thampson 用 B 语言编写了第一个 UNIX 操作系统。由于 B 语言过于简单并且功能有限，1972 年至 1973 年间，贝尔实验室的 D. M. Ritchie 在 B 语言的基础上设计出了 C 语言，他取 BCPL 的第二个字母作为这种语言的名字。1973 年，Ken Thampson 和 D. M. Ritchie 两人合作用 C 语言重新改写了 UNIX 操作系统。由于 C 语言突出的优点以及强大的可移植性，使得由 C 语言所编写的 UNIX 操作系统可以在不同类型的计算机中运行。伴随着 UNIX 操作系统日益广泛的使用，C 语言也迅速得到推广，并成为世界上应用最广泛、最优秀的计算机编程语言之一。

2.1.2　C 语言的特点

由于 C 语言具有绘图能力强，可移植性好，并具备很强的数据处理能力等特点，使得 C 语言既适合于编写应用软件，又适合于编写系统软件，成为广受程序员推崇和喜爱的计算机程序设计语言，其具体特点如下。

1. 语言简洁，使用方便灵活

C 语言是现有程序设计语言中规模最小的语言之一。C 语言的关键字很少，ANSI C 标准一共只有 32 个关键字，9 种控制语句，压缩了一切不必要的成分。C 语言的书写形式比较自由，表达方法简洁，使用一些简单的方法就可以构造出相当复杂的数据类型和程序结构。

2．可移植性好

由于 C 语言与 UNIX 系统的早期结合，以及后来的 ANSI/ISO 标准化工作，再加上 C 语言规模小的特点，使得可移植性成为了 C 语言的优点之一。C 语言在不同机器上的 C 编译程序，86%的代码是公共的，所以 C 语言的编译程序便于移植。在一个环境中用 C 语言编写的程序，不改动或稍加改动，就可移植到另一个完全不同的环境中运行。

3．表达能力强

C 语言具有丰富的数据结构类型，可以根据需要采用整型、实型、字符型、数组类型、指针类型、结构体类型、枚举类型等多种数据类型来实现各种复杂数据结构的运算。C 语言还具有多种运算符，灵活使用各种运算符可以实现其他高级语言难以实现的运算。

4．表达方式灵活

利用 C 语言提供的多种运算符，可以组成各种表达式，还可采用多种方法来获得表达式的值，从而使用户在程序设计中具有更大的灵活性。C 语言的语法规则不太严格，程序设计的自由度比较大，程序的书写格式自由灵活。程序主要用小写字母来编写，而小写字母是比较容易阅读的，这些充分体现了 C 语言灵活、方便和实用的特点。

5．可以直接操作计算机硬件

C 语言具有直接访问单片机物理地址的能力，可以直接访问片内或片外存储器，还可以进行各种位操作。

6．生成的目标代码质量高

C 语言描述问题比汇编语言迅速，工作量小，可读性好，易于调试、修改和移植，而代码质量与汇编语言相当。C 语言一般只比汇编程序生成的目标代码效率低 10%～20%。

2.2　数　据　类　型

数据类型用于说明数据的类型，以便于在内存中为其分配相应的存储单元。C 语言的数据类型主要有简单类型、构造类型和特殊类型三大类：简单数据类型包括整型、实型、字符型；构造数据类型包括数组、结构体、共用体；特殊类型包括指针类型、空类型。这里只介绍简单类型，其他数据类型将在后面讲解。

1．整型

整型的数值只能是整数。C 语言提供了 6 种整数类型：int（32 位有符号整数）、short int（16 位有符号整数）、long int（32 位有符号整数）、unsigned int（32 位无符号整数）、unsigned short int（16 位无符号整数）、unsigned long int（32 位无符号整数）。其中，int 是最常用的类型，它的取值范围为 $-232 \sim 232-1$。

2．实型

数学意义上的小数在 C 语言中用实型的数据表示。实型的数据包括两种：单精度浮点型（float）和双精度浮点型（double），其区别在于取值范围和精度的不同。计算机对实型数据的运算速度大大低于对整数的运算速度，数据的精度越高对计算机的资源要求也就越高。因此在对精度要求不高的情况下，可以采用单精度类型，而在精度要求比较高的情况下才采用双精度类型。单精度（float）类型占 4 字节（32 位），取值范围在 $\pm 1.5 \times 10^{-45} \sim 3.4 \times 10^{38}$ 之间，精度为 7 位有效数字；双精度（double）类型占 8 字节（64 位），取值范围在 $\pm 5.0 \times 10^{-324} \sim 1.7 \times 10^{308}$ 之间，精度为 15～16 位有效数字。

3．字符类型

C 语言的字符类型主要是用于表示 ASCII 字符的数据类型。一个 ASCII 字符占 1 字节（8 位）。字符类型的类型标识符是 char，因此也可称为 char 类型。

2.3　标识符与关键字

1．标识符

在编写程序时，需要对变量、函数、宏和其他实体进行命名，这些名字称为标识符。在 C 语言中，标识符由用户定义并且符合以下规定。

① 标识符是由字母、数字和下画线组成的字符序列，但是都必须以字母或者下画线开头。

例如：total、sum、_ka1 等都是合法的标识符，$6、8yuan、xinghao*都是不合法的标识符。

② 标识符严格区分字母的大小写。

例如：axy 和 Axy 是两个不同的标识符。

标准 c 对标识符的最大长度没有限制，所以不用担心使用过长的描述性名字。例如，grade 这样的名字比命名 g 更容易让人理解。因此标识符最好采用见名思义的原则。

2．关键字

关键字是是 C 语言规定好的一批标识符，它们对编译器而言都有着特殊的意义，不能另作它用。由于 C 语言是区分大小写的，所以程序中出现的关键字必须严格按照要求全部采用小写字母。C 语言的关键字见表 2-1。

表 2-1　C 语言的关键字

Auto	break	case	char	const	continue	default	do
double	else	enum	extern	float	for	goto	if
int	long	register	return	short	signed	sizeof	static
struct	switch	typedef	union	unsigned	void	volatile	while

2.4　常量和变量

2.4.1　常量

常量是在程序运行过程中其值不能改变的量。在 C 语言中常量有类别之分：整型常量、实型常量、字符型常量和字符串常量。

1．整型常量

整型常量就是整数，它们有正值和负值的区别，并且不能带小数点。C 语言的整型常量可以是十进制、八进制（以 0 开头）、十六进制（以 0x 或 0X 开头）的整数，如 26、–7、014、0x16 等。

2．实型常量

实型常量通常用带小数点的数表示，它可以是传统的小数形式，也可以是指数形式。如 3.1415926、–19.79、0.0、2.23e6、1.8e–7 等。特别值得注意的是：C 语言的实型常量只能采用十进制数；绝对值小于 1 的常数，其小数点前的 0 可以省略，如 0.54 可写为.54。

3．字符型常量

C 语言的字符型常量就是用单引号括起来的一个字符。这些字符通常是 ASCII 码中的一个字符，它的值即为该字符的 ASCII 值。例如，'A'、'F'、'@'、'b'、'6'、'0'等。而对于 ASCII 字符集中无法用一个具体的字符表示的控制代码符和其他功能代码符，应采用转义字符，如表 2-2 所示。转义字符也是由一对单引号括起来的一个字符，以"\"开始后跟一个字符，例如：'\b'表示回退一个字符，'\\'表示反斜杠，'\0'表示空字符。或后跟一个八进制数或十六进制数组成。例如，'\167'、'\xaf'等。

表 2-2　C 语言的转义字符

转义符	代表的字符	转义符	代表的字符
\'	单引号	\f	走纸换页
\"	双引号	\n	换行
\\	反斜杠	\r	回车
\0	空字符	\t	水平方向的 Tab 键
\a	报警	\v	垂直方向的 Tab 键
\b	退格		
\ddd	1～3 位八进制数代表的字符	\xhh	1～2 位十六进制数代表的字符

4．字符串常量

字符串常量是由双引号括起来的字符序列。例如，"student"、"123"、"example1"。编译程序在每个字符串常量后面均要加一个空字符'\0'作为串结束标记。例如，"apple"有 6 个字符（其本身 5 个字符再加上'\0'）。字符串常量与字符常量是不同的。例如，"x"不同于'x'，因为"x"有 2 个字符（其本身 1 个再加'\0'），而'x'只有 1 个字符。

知识的延伸：

知道符号常量及作用吗？

不管是哪种类型的常量，当程序中含有常量时，建议给这些常量命名。C 语言支持用一个符号名来代表一个常量，这个符号名就叫符号常量，只是这个符号常量要通过 C 编译预处理命令#define 得到，其定义形式如下：

define 常量名　值

下面是一些合法的符号常量定义：

```
# define A 25       /*A 代表 25*/
# define B 025      /*B 代表 025*/
# define C 'c'      /*D 代表字符'c'*/
```

为了与变量相区别，并保证程序的可读性，符号常量通常采用大写字母。在对程序编译时，凡是出现符号常量的地方均用定义时的值替换，同时程序中的符号常量在程序运行过程中不能改变。

2.4.2　变量

变量实质上是程序运行过程中存放数据的存储单元，其值在程序运行过程中可以改变。C 语言规定，任何变量必须先定义后使用。

1. 变量的定义

一般来说，一次可以定义一个或多个同类型的变量，其格式如下：

类型标识符　　变量名 1[,变量 2,…]

说明：

① 变量名必须是合法的用户标识符，而且为保证程序的可读性，变量名最好使用具有实际意义的英文单词。

② 与常量一样，变量也有类别之分，如整型变量、实型变量、字符型变量等。C 语言在定义变量的同时利用类型标识符说明变量的类型，系统在编译时就能根据定义及其类型为变量分配相应大小的存储单元。

2. 变量的赋值

一个变量实质上是代表内存中的某个存储单元。对于程序而言，可以通过变量名来访问具体的内存单元。变量的赋值就是将数据保存到变量内存单元的过程。

在 C 程序中，可以给一个变量多次赋值，变量的当前值等于最近一次给变量所赋的值。在给变量赋值时，值的类型应与变量的类型保持一致，否则以变量的类型为准。

3．变量的初始化

变量的初始化是指变量在被说明的同时赋给一个初值，初值可以是任意的表达式，这个表达式可以包括常量和前面说明过的变量和函数。

2.5　表　达　式

表达式是用运算符将运算量连接起来的式子，是各种程序设计语言中最基本的数据运算或数据处理过程。

运算符是构建表达式的基本工具，C 语言提供了丰富的运算符，利用这些运算符可以方便地进行运算。C 语言的运算符按照运算类型可以划分为很多种，C 语言的运算符见表 2-3 和表 2-4。在此我们只介绍 C 语言最基本的运算符：算术运算符、赋值运算符、自增自减运算符、逗号运算符。

表 2-3　C 语言运算符

类别	符号	含义	说明	类别	符号	含义	说明
算术运算符	+	加法/取正	++和−−的作用就是使变量的值加 1 和减 1	位运算符	~	按位取反	对运算对象做二进制位运算
	−	减法/取负			&	按位与	
	*	乘法			|	按位或	
	/	除法			<<	按位左移	
	%	取余			>>	按位右移	
	++	自增			^	按位异或	
	−−	自减		赋值运算符	=	赋值	赋值运算符的结合方向是从右向左
关系运算符	>	大于	用于在程序中比较两个值的关系。成立为 1，不成立为 0		+=	相当于 a=a+表达式	
	<	小于			−=	相当于 a=a-表达式	
	>=	大于等于			*=	相当于 a=a*表达式	
	<=	小于等于			/=	相当于 a=a/表达式	
	==	等于			%=	相当于 a=a%表达式	
	!=	不等于			&=	相当于 a=a&表达式	
逻辑运算符	!	逻辑非	用于比较两个值的逻辑关系		|=	相当于 a=a|表达式	
	&&	逻辑与			^=	相当于 a=a^表达式	
	||	逻辑或			>>=	相当于 a=a>>=表达式	
条件运算符	? :	式 1? 式 2:式 3	若式 1 的值为非 0，则取式 2 的值，否则取式 3 的值		<<=	相当于 a=a<<=表达式	
其他	（ ）	圆括号	自左向右	其他	→	指向结构体成员	自左向右
	[ ]	数组元素下标			.	结构体成员	

表 2-4　C 语言运算符的优先级（由高到低）

优先级	类别	运算符	优先级	类别	运算符
1	其他	( ) [ ] → .	9	按位异或	^
2	单目	+ – ! ~ ++ – –	10	按位或	|
3	乘除求余	* / %	11	逻辑与	&&
4	加减	+ –	12	逻辑或	||
5	移位	<< >>	13	条件	? :
6	关系	< > <= >=	14	赋值	= *= /= += –= <<= >>= &= ^= |=
7	等式	== !=			
8	按位与	&			

2.5.1　算术运算符与算术表达式

1. 算术运算符

算术运算符是 C 语言中应用最为广泛的一类运算符，这类运算符可以执行加、减、乘、除等多种算术运算。表 2-5 给出了 C 语言的算术运算符。

表 2-5　C 语言的算术运算符

单目运算符		双目运算符			
运算符	含义	加减类		乘除类	
+	取正	运算符	含义	运算符	含义
–	取负			*	乘
		+	加	/	除
		–	减	%	求余

说明：

（1）单目运算符

运算符必须出现在运算量的左边，运算量可以是整型，也可以是实型。

（2）双目运算符

① 求余运算符的运算对象只能是整数，运算结果是两数相除后的余数。当运算量为负数时，所得结果与具体实现有关。

② 其他双目运算符的运算量既可以都是整型，也可以都是实型，或两者的混合。但若两者都是整型，则结果也是整型；若两者有一方为实型，结果即为实型。例如，4.5+5.5 的结果为 10.0；3.0/2 的结果为 1.5；3/2 的结果为 1。

③ C 语言算术运算符的优先级高低次序见表 2-6。其中级别值越小，优先级越高。

表 2-6　C 语言算术运算符的优先级

级别	类别	运算符
1		（）
2	单目	+、−
3	双目	*、/、%
4	双目	+、−

2. 算术表达式

用算术运算符和一对圆括号将运算量连接起来的、符合 C 语言要求的表达式称为算术表达式。

运算量可以是常量、变量和函数。例如，78+a*cos(x+7)。

C 语言的算术表达式的求值规则与数学中的四则运算规则类似，要求如下：

① 算术表达式中可出现多层圆括号，但左右括号必须配对，运算时从内层括号依次向外进行计算。

例如，(((1+3)*4)+9)*4，先计算 1+3 得 4，再计算 4*4 得 16，然后计算 16+9 得 25，最后计算 25*4 得 100。

② 有括号先计算括号中的运算，没括号按照运算符的优先级由高到低、从左到右实施运算。

例如，1*2+3−4，先计算 1*2 得 2，再计算 2+3 得 5，最后计算 5−4 得 1。

2.5.2　强制类型转换运算符与强制类型转换表达式

强制类型转换表达式的格式如下：

　　（类型名）（表达式）

其中，（类型名）为强制类型转换运算符，该运算符的作用就是将其后的表达式的值转换成指定的类型。若表达式是一个常量或变量，则可以省略表达式的圆括号。

例如，（int）5.87 结果为 5，(double)(14%4)结果为 2.0。

> **知识的延伸：**
> （类型名）（变量）是实现对变量类型的转换吗？
> 强制类型转换运算符"( )"在进行变量强制类型转换时，仅对变量的值的类型进行转换，而不是转换变量本身的类型。比如，语句 int a;float b;b=9.87;a=(int)(b);中 b 的数据类型没变，仍然是 float 型。

2.5.3　赋值运算符和赋值表达式

1. 赋值运算符

C 语言的赋值运算符由一个基本赋值运算符"="符号和十个复合赋值运算符：+=、−=、

*=、/=、%=、<<=、>>=、&=、^=、|=，本书主要学习与算术运算有关的前 5 个运算符。

说明：

① 赋值运算符的优先级只高于逗号运算符，比 C 语言中其他运算符的优先级都低。

② 简单赋值运算符不同于数学中的"等于号"，在此不是等同关系，而是先计算赋值号右边表达式的值，再将这个值赋给位于赋值号左边的变量。

2．赋值表达式

（1）简单赋值表达式

C 语言中由赋值运算符"="组成的表达式即为简单赋值表达式，其格式如下：

变量名=表达式

其中，赋值运算符左边必须是一个代表某一存储单元的变量名，赋值运算符右边必须是 C 语言合法的表达式。赋值表达式的功能是先计算赋值运算符右边表达式的值，然后再将该值赋给位于赋值号左边的变量。因此赋值表达式应当读作："将右边表达式的值赋给左边的变量"。

例如，a,b 均被定义为 int 型变量，则

```
a=20+5              /*计算 20+5 得 25，将 25 赋给变量 a*/
b=a                /*将 a 中的值赋给变量 b*/
```

说明：

① 一个程序中可以多次给同一个变量赋值，而每一次的赋值都会使该变量对应的存储单元中的值发生改变，内存中该存储单元的当前值即为最后一次所赋的值。

例如，a 为 int 型变量，做如下三次赋值：

```
a=7；
a=82*15；
a=0；
```

此时 a 的值应该为 0。

② 赋值表达式 b=a 的功能是：将变量 a 对应的存储单元的值赋给位于赋值运算符左边的变量 b，b 中原有的值被新值替换。赋值完成后，a 中的值不变。

③ 赋值表达式 a=a+1 的功能是：取变量 a 的值加 1 后再赋给 a，即让 a 的值增 1。

例如，a 原来的值为 99，执行 a=a+1 后，a 的值变为 100。

④ 任何表达式都应有一个表达式的值，赋值表达式也不例外。C 语言规定赋值表达式的值即为赋值运算符左边变量的值。

例如，表达式 a=6+9，a 的值为 15，所以该赋值表达式的值也为 15。

⑤ 赋值运算符右边的表达式也可以是一个赋值表达式，如 x=y=3*7，按照运算符的优先级，该表达式要先计算出 3*7 的值 21；按照赋值运算符自右向左的结合性，先将 21 赋给变量 y，再将表达式 y=3*7 的值 21 赋给 x。

⑥ 赋值运算符的左边只能是一个变量，不能是常量或表达式。

例如，x+y=z、2*a=b+c 不是 C 语言合法的表达式。

⑦ 做赋值运算时，当赋值运算符左边的变量与赋值运算符右边的表达式类型完全一致时，赋值操作一定能正常进行。如果赋值运算符两侧的数据类型不一致且都是数值数据时，则系统先计算右侧表达式的值，然后按照左侧的数据类型自动转换后，将转换后的值赋给左侧的变量。

例如：

```
int  a;
float  b;
b=32.8;
a=b+7;
```

此时 a 的值为 39。

当然也可以做强制类型转换：

```
int  a;
float  b;
b=32.8;
a=(int)(b+7);
```

此时 a 的值也为 39。

（2）复合赋值表达式

由复合赋值运算符：+=、–=、*=、/=、%=、<<=、>>=、&=、^=、|=组成的表达式即为复合赋值表达式。利用复合赋值表达式可以简化简单赋值表达式的表示。

例如：

a=a+7	可以利用复合赋值运算符+=表示为	a+=7
a=a*(b+5)	可以利用复合赋值表达式*=表示为	a*=b+5
a=a-(6+9)	可以利用复合赋值表达式*=表示为	a-=6+9
a=a/(8+2)	可以利用复合赋值表达式/=表示为	a/=8+2

显然，复合赋值表达式是使用在利用变量原有值计算出新值并重新赋值给这个变量的情况。

思维拓展：

由于赋值可以串联，那么当变量是不同的数据类型时，例如：

```
int i;
float x;
 x=i=7.0/3;
printf("%d,%f",i,x);
```

程序段运行后变量 x 和 i 的值分别是什么？

2.5.4 自增、自减运算符

在程序中常常需要使变量的值增 1 或减 1，此时可以通过赋值表达式完成。

例如：

```
x=x+1;
y=y-1;
```

也可以用复合赋值表达式做一些简化：

```
x+=1;
y-=1;
```

为了更加简化表示，C 语言提供了自增运算符++，以及自减运算符——，于是上述赋值简化操作为：

```
x++;
y--;
```

说明：

① 自增、自减运算是一种赋值运算，而且运算对象必须是数值型的变量，绝对不能对常量或表达式做自增、自减运算。

② 自增、自减运算符既可作为前缀运算符，也可作为后缀运算符。例如，x++、++x、y——、——y 都是合法的表达式，其目的均是给变量加 1 或减 1，但作为表达式结果就会有所不同。例如，int 型变量 x，初值为 10，则表达式++x 运算时，先做 x 增 1 运算，表达式的值为 11；对于 表达式 x++，表达式的值为 10，再做 x 增 1 运算。不管自增运算符是置前还是置后，计算完后 x 的值都是 11；同理，——x 的值为 9；x——的值为 10。不管自减运算符是置前还是置后，计算完后 x 的值都是 9。

③ 自增、自减运算符的结合方向为"自右向左"

④ 不要在同一个表达式中对同一变量多次做自增、自减运算，以免造成不必要的错误。

思维拓展：
① ++和——是否可以作用于常量？
② ++和——是否可以处理 float 型变量？

2.5.5　逗号运算符和逗号表达式

C 语言的逗号运算符为"，"，用逗号将表达式连接起来的式子称为逗号表达式。其一般格式为：

表达式 1,表达式 2,表达式 3,…,表达式 n

说明：

① 逗号运算符的优先级是 C 语言所有运算符中最低的。

② 逗号运算符是按照自左向右结合的，因此逗号表达式的计算顺序是：先计算表达式 1 的值，再计算表达式 2 的值，然后计算表达式 3 的值，……，最后计算表达式 n 的值。

③ 逗号表达式的值为最后计算的表达式的值，即表达式 n 的值。

例如，逗号表达式 a=5,a+=10,a−=15,a++,++a,a−−,a+4 的值是 5，而 a 的值是 1。
C 语言的各种运算符见表 2-3，而运算符的优先级见表 2-6。

2.6　C 语言数据类型、运算符和表达式实验指导

1．实验目的

① 熟悉 C 语言的数据类型，掌握变量的定义、初始化和赋值。
② 掌握算术运算符和算术表达式，特别是自增++和自减—运算符的使用。
③ 掌握不同类型数据之间的赋值规律。
④ 熟悉并掌握 Visual C++ 6.0 的集成开发环境以及运行 C 程序的基本方法和步骤。

2．实验内容

（1）输入并运行下面的程序

```c
#include "stdio.h"
main( )
{
 int x,y;
 char ch;
  x='a';
  y=x+3;
  ch=65;
  printf("x=%c,x=%d",x,x);
  printf("y=%d",y);
  printf("ch=%d,ch=%c",ch,ch);
}
```

具体要求如下：
① 体会语句必须要加分号，分号是 C 语句的一个组成部分。
② 体会整型数据的定义、存储和使用。
③ 体会字符型数据的定义、存储和使用，理解字符型数据和整型数据的通用性。
④ 体会输出结果时有文字说明的好处。
（2）输入并运行下面的程序

```c
#include "stdio.h"
main( )
{
 int a,b,c,i=12;
 float x,y=3.4;
 a=i++;
b=++i;
c=y;
```

```
x=b';
printf("%d,%f",c,x);
printf("y=%f,(int)y=%d",y,(int)y);
}
```

具体要求如下：

① 理解并掌握自增++运算符和自减—运算符的使用。

② 理解不同类型数据之间的赋值规律。

③ 理解数据的强制类型转换。

2.7　书写上机实验报告

在做完一个 C 程序设计实验后，一定要书学实验报告，它是实验过程的一个重要环节，也是培养读者未来良好的科学研究作风的重要途径。通过书写实验报告，可以让学习者对整个实验做出总结，从而实现从感性到理性的升华。因此，做完实验后一定要认真书写实验报告。

书写实验报告的难点在于报告的内容组成，在此给出 C 程序设计实验报告应该包含的内容，供学习者参考。

1．实验目的

实验是 C 程序教学的一个重要环节，其目的是为了让学习者对教材中的基本概念有更深入的理解并掌握它们，能够应用基本技术解决实际问题，从而提高学习者分析问题和解决问题的能力。因此，为了保证达到课程教学所指定的基本要求和能力，在着手做一个实验时，必须明确实验目的。

2．实验内容

实验内容是指一次实验中实际要完成的内容。在每一个实验题目中，通过提出具体要求，从而达到实验目的。本书中，每章都根据教学内容以及学习者的实际基础安排了若干个实验。具体教学时，可根据学习者的实际教学环境选择其中的几个或全部实验。

3．算法与流程图

算法设计是程序设计的一个重要的基础步骤，是培养学习者计算思维能力的有力工具，学习者在实验报告中应给出具体问题的详细算法说明和流程图。

4．源程序代码

程序设计的最终产品就是源程序代码，它要与算法或流程图相一致。源程序要具有易读和清晰性，并符合结构化的原则。

5．运行结果

程序的运行结果是检验程序是否正确的一个重要渠道。对于不同的输入，其输出结果是不同的。因此，在给出输出结果之前一定要注明输入的数据，以便对输出结果进行分析和比较。

6. 程序调试分析和体会

实验的最后一个环节也是最重要的一个环节，就是程序的调试分析和体会。初学者在编写程序时常常会遇到各种各样的问题，通过调试解决问题，可以让初学者逐步积累经验，从而提高编程能力。通过书写体会让学习者厘清基本概念和编程思路，从而实现对实验的总结。

练习与实战

一、选择题

2.1　以下选项中合法的用户标识是（　　　）。

    A．scanf　　　　　　　B．sin　　　　　　　C．_abd　　　　　　　D．main

2.2　以下选项中合法的 C 语句组成成分且位于语句末尾的是（　　　）。

    A．,　　　　　　　　　B．.　　　　　　　　　C．_　　　　　　　　　D．;

2.3　下列不合法的用户标识符是（　　　）。

    A．j2_key　　　　　　　B．_int　　　　　　　C．4d　　　　　　　D．_8_

2.4　下列叙述中错误的是（　　　）。

    A．用户定义的标识符允许使用关键字

    B．用户定义的标识符应做到"见名知意"

    C．用户定义的标识符必须以字母或下画线开头

    D．用户定义的标识符中大、小写字母代表不同标识

2.5　C 程序是由函数组成的，而主函数是 C 程序中不可或缺的。C 程序的主函数名为（　　　）。

    A．main　　　　　　　B．Main　　　　　　　C．mAin　　　　　　　D．maIn

2.6　以下选项中正确的整型常量是（　　　）。

    A．1.　　　　　　　　　B．–123　　　　　　　C．1,000　　　　　　　D．1 2 3

2.7　以下选项中正确的实型常量是（　　　）。

    A．3.141592　　　　　　B．0　　　　　　　C．1.8 7　　　　　　　D．1.5×10^3

2.8　下列不合法的数值常量是（　　　）。

    A．011　　　　　　　　B．1e1　　　　　　　C．8.0e0.5　　　　　　　D．0xabc

2.9　下列关于 long、int 和 short 类型数据占用内存大小的叙述正确的是（　　　）。

    A．均占 4 字节

    B．根据数据的大小来决定所占内存的字节数

    C．由用户自己定义

    D．由 C 语言编译系统决定

2.10 C 语言中运算对象既可以是整型，也可以是实型，但运算规则却不一样的运算符是（   ）。

    A. %   B. /   C. +   D. **

2.11 下列定义变量的语句中错误的是（   ）。

    A. int _int;   B. double int_;   C. char for;   D. float us$;

2.12 若变量已正确定义并赋值，符合 C 语言语法的表达式是（   ）。

    A. a=b+3=c+4,4++   B. a=b+c;

    C. a=int(16.8%4)   D. a=b+4,a—

2.13 若变量 a 已正确定义并且 a 的初值为 4，则表达式 a+=a-=a+2,a++,a+6 的值是（   ）。

    A. -3   B. -4   C. 0   D. 3

2.14 设变量已正确定义并赋值，以下正确的表达式是（   ）。

    A. x=y*5=x+z   B. int(15.8%3)

    C. x=y+z+3,++y   D. x=25%5.0

2.15 表达式 3.6-5/2+1.2+5%2 的值是（   ）。

    A. 4.3   B. 4.8   C. 3.3   D. 3.8

2.16 下列叙述中错误的是（   ）。

    A. C 程序中的#include 和#define 行均不是 C 语句

    B. 除逗号运算符外，赋值运算符的优先级最低

    C. C 程序中，j++;是赋值语句

    D. C 程序中，+、-、*、%是算术运算符，可用于整型数和实型数的运算

2.17 以下定义正确的是（   ）。

    A. int   a=b=0;

    B. char A=65+1,b='b';

    C. float a=1,"b=&a,"c=&b;

    D.   double a=0.0;b=1.1;

2.18 设有定义："int k=0;"，下列选项的 4 个表达式中与其他 3 个表达式的值不同的是（   ）。

    A. k++   B. k=k+1   C. ++k   D. k+1

2.19 以下合法的八进制表示是（   ）。

    A. 012   B. 081   C. 039   D. 24

2.20 以下不合法的十六进制数表示是（   ）。

    A. 0x14   B. oxaef   C. 0X23   D. 0xaf

2.21 若 k 为整型变量且赋值为 20,做完运算++k,3+k,k--后表达式的值和变量的值分别是（   ）。

    A. 23 23   B. 21 20   C. 20 21   D. 23 22

2.22 将 a,b 定义成单精度浮点型变量的语句是（   ）。

    A. int a,b;   B. char a,b   C. float a,b;   D. double a;b;

二、程序改错题

2.23　请指出以下 C 程序的错误之处。

```
# include stdio.h
Main();
{
    float a,b,d
    A=3.5;
    b=4.7;
    d=2a+ab;
    Printf("p=%f",p);
}
```

2.24　请指出以下 C 程序的错误之处。

```
# include stdio.h;
main
(
    float a,b,c;
    a=5;b=9
    c=a*b;
    printf("%f",c)
}
```

第3章 顺序结构程序设计

C 语言程序是由 3 种基本结构组成的，其中最简单的结构就是顺序结构。不管是什么样的控制结构，在 C 语言中的具体实现操作都是通过语句完成的。按照程序的语句书写次序依次执行的程序结构即为顺序结构。

3.1 C 语 句

C 程序对数据的处理是通过语句的执行来实现的，一条语句完成一项操作或功能。而构成 C 程序的函数体内应包含若干条语句，以实现相应的功能。

3.1.1 变量定义语句

C 语言规定：任何变量要先定义后使用。如果不定义就使用，则程序将会出错。

定义变量的标准形式：

变量类型 变量名 1，变量名 2，…，变量名 n；

例如：

```
int a,b;          /*定义a，b为整型变量*/
float x;          /*定义x为单精度实型变量*/
char ch;          /*定义ch为字符型变量*/
double y;         /*定义y为双精度实型变量*/
```

3.1.2 表达式语句

由表达式组成的语句称为表达式语句。语句格式：

表达式；

即在表达式的尾部加上一个分号";"构成。

功能：

计算表达式或改变变量的值。

表达式语句根据功能的不同又分为普通表达式语句和赋值语句。

（1）普通表达式语句

普通表达式语句就是在普通的常量、变量、函数及由它们构成的表达式后加一个分号构成。例如，9;、a+b;、x++;、a=3,b=8;、sin(x);等。

（2）赋值语句

赋值语句是在赋值表达式的尾部加上一个分号";"构成的。

例如，x=y+z　　　　　　　赋值表达式

　　　　x=y+z;　　　　　　赋值语句

　　　　x=2　　　　　　　　赋值表达式

　　　　x=2;　　　　　　　赋值语句

C 语言的赋值语句在程序设计中可以实现给变量赋初值，它是程序设计中的基本可执行语句。

3.1.3　复合语句

C 语言的复合语句的形式：

　　　{ 语句 1 语句 2 …，语句 n}

其作用就是将 C 语言的若干语句用一对花括号括起来构成一个语句组。

例如：

```
{ a=b;a++;c=a*b;printf("c=%d\n",b);}
```

说明：

① 复合语句的花括号内的语句数量不限。

② 复合语句的花括号内的语句可以不在一行，但花括号不能缺省，必须成对出现。

③ 复合语句的花括号内可以有定义语句，但定义语句必须置于所有可执行语句之前。

3.1.4　空语句

分号 “;” 是 C 语句最重要的一个组成成分，它置于 C 语句的最后。而分号本身在 C 语言中也可以单独构成一个语句，由分号单独构成的语句即为空语句，它不产生任何操作。

例如：

```
main()
{
  ;
}
```

是一个合法的程序。

说明：

① 程序设计时有时需要加一条空语句来表示某条语句的存在。

② 随意加空语句有时候会造成逻辑上的错误，需慎重。

3.2　数据的输入和输出

输入/输出操作是程序的两项基本操作。任何一个程序只要是实现对数据的加工处理，就必然需要有输入数据，同时加工结果也要通过输出告知外界。

C 语言本身没有提供专门的输入和输出语句，它的输入/输出操作均是由 C 的标准函数

实现。而这些函数均被定义在 stdio.h 的头文件中，因此在 Turbo C 及 VC6.0 中要使用要输入/输出函数时，一定要在源程序中使用包含头文件 stdio.h：

```
#include "stdio.h"或#include <stdio.h>
```

3.2.1　printf 函数（格式输出函数）

printf 函数是 C 语言提供的标准格式输出函数，用来在终端上（显示器或打印机）按指定格式进行输出。

（1）printf 函数的一般格式：

```
printf（"格式控制"，输出项 1，输出项 2，…，输出项 n）
```

它的作用是按照格式控制符的指定格式，将各输出项在终端设备上输出。

例如：

```
printf("a=%d,b=%d",a,b);
```

其中，"格式控制"中的 a=、,和 b=为普通字符，%d 为格式说明，而 a,b 为两个输出项，它们分别与"格式控制"中的两个%d 格式说明相对应。

说明：

① "格式控制"中的普通字符（如上例中的 a=、,和 b=）原样输出。在"格式控制"中加上普通字符是为了使输出结果更为完整。

② "格式控制"中的格式符是为后面的输出项指定输出格式。格式说明由"%"开头，后面跟一个格式符。不同的数据类型其格式符不同。

③ 各输出项必须与"格式控制"中的格式说明个数和对应数据类型相容。

例如：

```
int x;
float y;
x=4;
y=x+4;
printf("x=%d,x+y=%f",x,x+y);
```

④ printf 函数的调用则必须在其后加上一个分号"；"，使其变成表达式语句才能执行。

（2）printf 函数的常用格式说明

C 语言的标准输入函数 scanf 和标准输出函数 printf 均需要使用格式说明来完成数据的输入和输出。表 3-1 为 C 语言允许使用的格式符和它们的作用。

表 3-1　格式符及其作用

格式符	作用说明
d（或 i）	输出带符号的十进制整数
o	输出八进制无符号整数（不输出前导 0）

续表

格式符	作用说明
u	输出无符号的十进制整数
x（或 X）	输出无符号的十六进制的整数（不输出前导 0x）
f	输出带小数点的单精度数和双精度数
e（或 E）	以指数形式输出单精度数和双精度数
g（或 G）	系统自动选定%f 和%e 输出宽度较小的一种，输出单精度数和双精度数
c	输出单个字符
s	输出字符串，遇到'\0'结束输出
%	输出一个%

例如：

```
int a;
float x;
char ch;
a=16;
x=12.3;
ch='D';
printf("a=%d",a)                 /* 输出结果：a=16*/
printf("a=%o,a=%x",a,a)          /* 输出结果：a=20,a=10*/
printf("x=%f,x=%e",x,x)          /* 输出结果：x=12.300000,x=1.23e+001*/
printf("x=%g",x)                 /* 输出结果：x=12.3*/
printf("ch=%c",ch)               /* 输出结果：ch=D*/
printf("%s","HELLO\0How Are you! ")    /* 输出结果 HELLO*/
```

在%和格式符之间还可以插入诸如"宽度说明"、"左对齐符-"等格式附加符，如表 3-2 所示。

表 3-2　格式附加符

格式附加符	作 用 说 明
l	输出长整型数据或双精度数据，可作用在 d、o、x、u、f、e、g 前
负号–	以左对齐的方式输出数据
整数 m	确定数据的输出宽度。若 m>数据宽度，则以右对齐的方式输出，左端补空格；若 m<数据宽度，则按数据的实际宽度输出
.n（n 为一个整数）	输出的实数保留 n 位小数，第 n+1 位四舍五入；或截取字符串的前 n 位字符

知识的延伸：

printf 函数中可以取消格式说明吗？

在 C 语言中 printf 函数实际上还有一个比较单纯的应用，即实现对字符串的输出，此时可以取消格式说明，仅有一个字符串。这种格式常常用于输出提示信息。

例如：

```
#include "stdio.h"
main( )
{
  printf("How are you!");
}
```

程序的运行结果： How are you!

```
#include "stdio.h"
main( )
{
  printf("I am a");
printf("student");
}
```

程序的运行结果： I am a student
同时在字符串中可以使用转义字符。
例如：

```
#include "stdio.h"
main( )
{
  printf("Hello!\n");
printf("How are you!");
}
```

程序的运行结果： Hello!
　　　　　　　　　How are you!

思维拓展：

① 对照表 2-2，你能写出下列程序的运行结果吗？

```
main()
{
  printf(" ab c\t de\rf\tg\n");
printf("h\ti\b\bj    k");
}
```

② 若 printf()函数中格式符与输出项对应出错或数据类型出现错误，如以下 3 种情况：
假设 int i,j;

```
float x;
i=3,j=4,x=5.0;
```

① printf("%d,%d",i);
② printf("%d",i,j);
③ printf("%d,%f",x,i);
程序运行时会出现什么情况？

3.2.2　scanf 函数（格式输入函数）

scanf 函数是 C 语言提供的最常用的标准输入函数，在其尾部加上“;”则构成输入语句。
scanf 函数的一般格式：

　　scanf（"格式控制"，&变量名 1，&变量名 2，…，&变量名 *n*）

它的作用是将从键盘上输入的数据，按照格式控制符的指定格式放入相应的变量中。
例如：

　　scanf("x=%d,y=%d",&x,&y);

其中，"格式控制"中的"x="和"y="为普通字符，而%d 为格式说明，而&为 C 语言的
地址运算符，所以&x,&y 是 x 和 y 这两个变量的地址，它们分别与"格式控制"中的两个%d
格式说明相对应。

说明：

① "格式控制"中的普通字符（如上例中的 x=、,和 y=）要原样输入。不过在"格式
控制"中最好不要加普通字符，以免输入时因粗心而造成不必要的错误。

② "格式控制"中的格式符是为后面的变量指定输入格式。格式说明由“%”开头，
后面跟一个格式符。scanf()的格式符与 printf()的基本一致，只是没有 u 和 g 格式符且双精度
变量值的输入要用格式符 lf 或 le。

③ "格式控制"若有多个连续的格式说明符，则除%c 和%s 外，其他的格式说明符以
回车、空格或 tab 键作为分隔符。

例如：

```
int a,b;
float x,y;
scanf("%d%d%f%f",&a,&b,&x,&y);
```

则输入数据时可以输完每个数据后回车，如：

```
1
23
6.7
8
```

保证 a 得 1，b 得 23，x 得 6.7，y 得 8.0
也可以输完每个数据后单击空格键，如：

```
1  23   6.7 8
```

保证 4 个变量得到同样的值。若使用空格符作为分隔符，则空格数可以不止 1 个。

④ 变量地址必须与"格式控制"中的格式说明个数、对应数据类型一致。
例如：

```
float  x;
double  y;
scanf("%f%lf",&x,&y);
```

思维拓展：

若 scanf()函数中变量名前漏了符号&:

假设 int i,j;

```
scanf("%d,%d",&i,j);
```

程序运行时会出现什么情况?

3.3 顺序结构程序案例

【案例 3.1】 求任意两个数之和。

案例分析：

求两个数之和，显然需要用到 2 个变量，为了使得整个程序流程清晰，可以再定义一个变量装和值。同时数据应该是实数，为了节省空间，在此定义其数据类型为 float。由于题目中没有给出具体是哪两个数，所以这两个变量值的输入要利用函数 scanf 实现，再利用 printf 函数实现输出。

具体程序如下：

```
# include "stdio.h"
main( )
{
 float x,y,z;
 printf("Enter x and y:\n");
scanf("%f%f",&x,&y);
 z=x+y;
printf("z=%f\n",z);
}
```

程序的运行情况：

```
Enter x and y:
2.3    6.7<CR>
c=9.000000
```

【案例 3.2】 交换两个整型变量 a、b 的值。

案例分析：

要想交换两个变量 a 和 b 的值，不能简单地用 a=b;b=a;两条语句实现。因为当执行了语句 a=b;后，a 中原有值就被 b 的值替换，a 的值就丢失了，从而无法实现两个数值的交换。为了不丢失 a 中原有的值，必须在执行 a=b;之前，将 a 的值保存到一个临时变量中，在执行了 a=b;后再将临时变量的值赋给 b。

具体程序如下：

```
# include "stdio.h"
main()
{
```

```
int a,b,c;
printf("enter a and b:\n");
scanf("%d%d",&a,&b);
printf("a=%d,b=%d",a,b);
c=a;
a=b;
b=c;
printf("a=%d,b=%d",a,b);
}
```

程序的运行情况：

```
enter a and b:
15    51<cr>
a=15,b=51
a=51,b=15
```

【案例 3.3】 求 17 除以 4 的余数。

案例分析：

因除数和被除数都很清楚，所以只需定义 1 个变量 x 用来装余数就行了。利用 C 语言
提供的求余运算符%。

具体程序如下：

```
# include "stdio.h"
main()
{
int x;
x=17%4;
printf("x=%d",x);
}
```

程序的运行情况：

```
x=1
```

【案例 3.4】 求整数 m 除以 n 的余数。

案例分析：

因除数和被除数需要随机输入，同时还要求余数，所以需定义 3 个变量。利用 C 语言
提供的求余运算符%。

具体程序如下：

```
# include "stdio.h"
main()
{
int m,n,t;
printf("enter m and n:\n");
scanf("%d%d",&m,&n);
t=m%n;
```

```
printf("t=%d",t);
}
```

程序的运行情况：

```
enter m and n:
17   3<cr>
t=2
```

【案例3.5】　任意输入一个小写英文字符，输出其大写英文字母。

案例分析：

由于要输入小写字母，输出大写字母，所以需要两个字符型变量。要注意在 ASCII 码表中大写英文字母的码值比小写英文字母小 32。比如，'a' 为 97，'A' 为 65；'c' 为 99，'C' 为 67，所以只需用小写的 ASCII 值减去 32 即为大写字母。

具体程序如下：

```
# include "stdio.h"
main()
{
char ch1,ch2;
 printf("Enter ch1:\n");
scanf("%c",&ch1);
ch2=ch1-32;
printf("ch1=%c,ch2=%c",ch1,ch2);
}
```

程序的运行情况：

```
Enter  ch1:
h<cr>
ch1=h,ch2=H
```

知识的延伸：

C 语言中是否只有 printf 函数和 scanf 函数实现数据的输入和输出呢？

C 语言中 printf 函数和 scanf 函数是最为通用的格式输出和格式输入函数，但它们不是唯一的。比如，单个字符的输入和输出在 C 语言中有专门的函数实现，它们是 getchar 函数和 putchar 函数

getchar( )为单个字符的输入函数。

一般调用形式：

```
变量= getchar( );
```

功能：从键盘上输入一个字符，赋给赋值号左侧的变量。

putchar( )为单个字符的输出函数。

一般调用形式：

```
putchar(变量);
```

功能：将变量的值输出到显示器上并换行。

getchar( )和 putchar( )函数均被定义在 stdio.h 的头文件中。

用 getchar 函数和 putchar 函数改写案例 3.5。

具体程序如下：

```
# include "stdio.h"
main()
{
char ch1,ch2;
 printf("Enter ch1:\n");
 ch1=getchar( );
ch2=ch1-32;
putchar(ch1);  putchar(ch2);
 }
```

程序的运行情况：

```
Enter  ch1:
h<cr>
hH
```

3.4　顺序结构程序设计实验指导

1．实验目的

① 理解顺序结构程序设计的基本思想。

② 熟练掌握各种数据类型的输入/输出格式符。

③ 掌握 C 语言程序设计中最重要的一种语句——赋值语句的使用方法。

④ 熟练掌握格式输入与格式输出函数的使用。

⑤ 进一步练习 C 程序的输入、编译连接与运行的过程。

2．实验内容

（1）计算并输出两数的和

用 scanf 函数输入两个整数 x，y，然后用一个赋值语句计算这两个数的和 z，最后用格式输出函数 printf 输出 z 的值。

具体要求如下：

① 所有变量为整数。

② 输入前要有提示。

③ 输出结果时要有文字说明。

（2）计算并输出面积、体积。

设一个圆柱的底面半径 r 为 2.5 厘米，高 h 为 3.5 厘米。分别计算并输出该圆柱体的底面积 s1，侧面积 s2，圆柱体的体积 v。

具体要求如下：

① r，h 用 scanf 函数输入，且在输入前要有提示。

② 在输出结果时要有文字说明，每个输出值占一行，且小数点后取 4 位数字。

③ 所有变量均定义为单精度类型。

方法说明：

圆面积计算公式为 $s=\pi r^2$。其中，r 为圆半径。

圆柱体侧面计算公式为 $s=2\pi r$。

圆柱体体积公式为 $v=2\pi rh$。

练习与实战

一、选择题

3.1 以下选项中不是 C 语句的是（   ）。

A．;   B．{ ; }

C．x=1+2,3;   D．printf("hello!")

3.2 以下不正确的 C 语言赋值语句是（   ）。

A．x=y=3;   B．t=int(x+y);

C．a=3,b=4;   D．i++;

3.3 若有以下程序段，经过运算后 z 的值是（   ）。

A．0   B．1   C．1.5   D．2

```
int x,y,z;
x=3;
y=2;
z=x/y;
```

3.4 以下正确的变量定义语句是（   ）。

A．int a,b;   B．Int a;

C．float x   D．Char ch;

3.5 若变量 a，b，c 已经被正确地定义为 int 类型，现要给这三个变量赋值，正确的输入语句是（   ）。

A．scanf (a,b,c);

B．scanf(&a,&b,&c);

C．scanf("%d%d%d",&a,&b,&c);

D．scanf("%D%D%D",&a,&b,&c);

3.6 若变量已正确定义为 float 型，要想通过 scanf("%f %f%f",&x ,&y ,&z)使得 x 得到 15，y 得到 16，z 得到 17，以下不正确的输入形式是（   ）。

A. 15　　　　　B. 15,16　　　　　C. 15 16 17　　　　D. 15 16
　　16　　　　　　　17　　　　　　　　　　　　　　　　　17
　　17

3.7　以下程序段的输出结果是（　　　）。

```
#include "stdio.h"
main()
{
  int a=1,b=0;
  printf("%d,",b=a+b);
  printf("%d\n",a=2*b);
}
```

A. 0,0　　　　　B. 1,0　　　　　C. 3,2　　　　D. 1,2

3.8　有以下程序，其中 k 的初值为八进制数：

```
#include
main()
{
int k=011;
printf("%d\n", k++);
}
```

程序运行后的输出结果是（　　　）。

A. 9　　　　　B. 10　　　　　C. 11　　　　D. 12

3.9　若变量 x、y 已正确定义并赋值，以下符合 C 语言语法的表达式是（　　　）。

A. ++x,y=x—　　　B. x+1=y　　　C. x=x+10=x+y　　D. double(x)/10

3.10　有以下程序

```
main()
{
    int x, y, z;
    x=y=1;
    z=x++,y++,++y;
    printf("%d,%d,%d\n",x,y,z);
}
```

程序运行后的输出结果是（　　　）。

A. 2,3,3　　　B. 2,3,2　　　C. 2,3,1　　　D. 2,2,1

3.11　有下列程序：

```
main()
{
    char a1='M',a2='m';
    printf("%c\n",(a1,a2));
}
```

程序运行后的输出结果是（　　　）。

A. M　　　　　　　　　　　　　　　B. m

　　C．格式说明符不足，编译出错　　　　D．程序运行时产生出错信息

二、上机实战

3.12　编程求 30° 的弧度值。

3.13　编程计算任意两个数之积。

3.14　输入一个 3 位正整数，分别输出它的个位、十位和百位数字。

3.15　编程求 15/4 的商。

3.16　输入一个华氏温度，要求输出摄氏温度，公式为：9c=5(F–32)。其中，c 代表摄氏温度，F 代表华氏温度。

第4章　选择结构程序设计

选择是日常生活和工作中经常要做的。例如，班上有两名同学都符合申报奖学金的条件，但每班只有一个名额，本着公平、公正、公开的原则，应该首先获取这两名学生的各项分数，并计算出每人的综合分数 scor1 和 scor2，然后对 scor1 和 scor2 进行比较，如果 scor1>scor2，则 scor1 对应的同学获得该名额，否则 scor2 对应的同学获得该名额。这项筛选工作如果交给计算机完成，就要用到选择结构，选择结构又叫分支结构。

选择结构是结构化程序设计的三种基本结构之一，要想实现选择结构要涉及两方面的问题：一是选择条件在 C 语言中怎样表示，二是 C 语言是如何实现选择结构的。

C 语言的条件是通过关系表达式和逻辑表达式实现的，而它的选择结构则是通过选择控制语句完成的。

4.1　关系表达式和逻辑表达式

表达式都应该有运算值，表示条件的表达式得到的运算值是一个逻辑值。逻辑值只有两个，在许多高级语言中用"真"和"假"表示。而 C 语言没有逻辑型数据，所以 C 语言采用非零值表示"真"，用零表示"假"。

C 语言的用于表示条件的表达式有两个用处：一是用于判断，二是用于求值。针对这两种情况，C 语言的处理办法不完全一样。C 语言规定：当用于判断时，表达式为"0"，就代表"假"；表达式为非"0"，就代表"真"。当用于求值时，"假"为 0，"真"为 1。

4.1.1　关系表达式

1. 关系运算符

关系表达式对应的就是两个量直接比较的简单条件。因此实现两个量比较的关系运算符共有 6 个，见表 4-1。

表 4-1　C 语言的关系运算符

运　算　符	作　　用
>	大于
>=	大于或等于
<	小于
<=	小于或等于
==	等于。注意，由两个等号组成
! =	不等于

关系运算符的前 4 个 (>、>=、<、<=) 优先级相同，后 2 个 (==、! =) 优先级相同，并且低于前 4 个的优先级。6 个运算符均具有自左向右的结合性。所有的关系运算符的优先级都低于算术运算符，而高于赋值运算符和逗号运算符。

例如：

c>a+b	等价于 c>(a+b)
a>b!=c	等价于(a>b)!=c
a==b<c	等价于 a==(b<c)
a=b>c	等价于 a=(b>c)

2. 关系表达式

由关系运算符将运算量连接起来的式子称为关系表达式。关系表达式的值是逻辑值"真"或"假"，用 1 和 0 表示。要想设计出正确的程序，正确理解关系表达式极为重要。表 4-2 给出了部分正确的关系表达式。

表 4-2　正确的关系表达式

所涉及量的值	关系表达式	含　义	关系表达式的逻辑值	C 语言中的输出值
设 a=10，b=18，c=7	a>b	a 大于 b	假	0
	c<=b	c 小于等于 b	真	1
	a!=c	a 不等于 c	真	1

例如：

```
int a=6,b=4,c=1,d,f;
    a>b            /*表达式值 1*/
    (a>b)==c       /*表达式值 1*/
    a+c<b          /*表达式值 0*/
    d=a>b          /*d=1*/
    f=a>b>c        /*f=0*/
```

知识的延伸：

关系运算符 "==" 能用在浮点数上吗？

由于在计算机中数值以二进制形式保存，数值的小数部分可能是近似值，而不是精确值，因此，对于浮点数 (float 型和 double 型) 不能使用等于 "==" 运算符进行关系运算。

思维拓展：

① 表达式 a>b>c 在 C 语言中是合法的表达式，那么表达式 a>b>c 等价于哪个关系表达式呢？

② 不要混淆等于运算符 (==) 和赋值运算符 (=)，尝试运行下面两段程序段，看看会出现什么不同的结果？

程序段 1：

```
int a,b;
scanf("%d%d",&a,&b);
if(a==b) printf("相等，值为：%d",a);
else printf("不等");
```

程序段 2：

```
int a,b;
scanf("%d%d",&a,&b);
if(a=b) printf("相等，值为：%d",a);
else printf("不等");
```

4.1.2　逻辑表达式

1. 逻辑运算符

逻辑表达式对应的是复杂条件，比如在中学数学中的|x|<5 对应的就是 x>−5 并且 x<5，这个复合条件就需要用逻辑表达式表示。实现将多个条件连接起来的逻辑运算符有 3 个，它们是：

（1）&&（逻辑"与"）

例如，|x|<12 在 C 语言中的表示为 (x>−12）&&(x<12) 或 x>−12 && x<12（因&&的优先级低于关系运算符）。

（2）||（逻辑"或"）

例如，|x|>12 在 C 语言中的表示为(x>12) || (x<−12) 或 x>12 || x<−12（因||的优先级低于关系运算符）。

（3）!（逻辑"非"）

例如，x 不大于 5 在 C 语言中的表示为 !(x>5)。此时 x>5 的那对括号不能缺省，因为!的优先级高于关系运算符。

这 3 个逻辑运算符的优先次序是：!（逻辑非）最高，其次是&&（逻辑与），||（逻辑或）最低。3 个运算符均具有自左向右的结合性。

例如：

```
a<=x && x<=b              /*(a<=x) && (x<=b)*/
a>b&&x>y                  /*(a>b)&&(x>y)*/
a==b||x==y               /*(a==b)||(x==y)*/
!a||a>b                  /*(!a)||(a>b)*/
```

2. 逻辑表达式

由逻辑运算符将运算对象连接起来的式子称为逻辑表达式。逻辑表达式是程序设计中表示条件最多的一种表达式，一定要正确理解。表 4-3 给出了部分正确的逻辑表达式。

表 4-3 正确的逻辑表达式

所涉及量的值	逻辑表达式	含义	逻辑表达式的逻辑值	C 语言中的输出值
设 a=10，b=18，c=7	a>=10&&b<=19	a 大于等于 10，并且 b 小于等于 19	真	1
	a!=10 || c>5	a 不等于 10 或 c 大于 5	真	1
	!（b>a）	b 不大于 a	假	0

例如：

```
a=7;b=8;
    !a                      /*值为 0*/
    a>7&&b>8                /*值为 0*/
    a||b                    /*值为 1*/
    !a||b                   /*值为 1*/
    4&&0||2                 /*值为 1*/
    b>a&&a||8<4-!0          /*值为 1*/
    'c'&&'d'                /*值为 1*/
```

知识的延伸：

C 语言逻辑表达式的计算有什么高效率的方法吗？

为了提高逻辑表达式的运算效率，其 &&（逻辑与）和 ||（逻辑或）在运算中有一些特殊现象。

（1）&&（逻辑与）的特殊性

C 语言在计算"表达式 1 && 表达式 2"的值时，若"表达式 1"的值为"假"，将不计算"表达式 2"的值。

例如：

① 假设 a=5，b=9，则经过逻辑运算（a−5）&&++b 后，由于 a−5 为 0，即为"假"，所以系统不再计算++b。

② a&&b&&c 只在 a 为真时，才判别 b 的值；只在 a、b 都为真时，才判别 c 的值。

（2）||（逻辑或）的特性

C 语言在计算"表达式 1 || 表达式 2"的值时，若"表达式 1"的值为"真"，将不计算"表达式 2"的值。

例如：

① 假设 a=5，b=9，则经过逻辑运算（a>0）&&++b 后，由于 a>0 为"真"，所以系统不再计算++b。

② a||b||c 只在 a 为假时，才判别 b 的值；只在 a、b 都为假时，才判别 c 的值。

③ 假设 a=1;b=2;c=3;d=4;m=1;n=1，则（m=a>b）&&（n=c>d），结果 m=0，n=1。

4.2　由 if 语句实现的选择结构

if 语句是 C 语言实现选择结构的最重要的语句，它有两种形式。

4.2.1 if 语句的两种基本形式

1. 不含 else 子句的 if 语句

（1）语句的一般形式

```
if (表达式)
    语句
```

例如：

```
if(a>b) printf("%d",a);
```

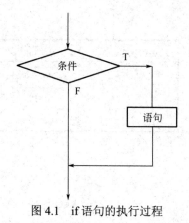

图 4.1 if 语句的执行过程

（2）执行过程

执行过程如图 4.1 所示。

说明：

① if 后的表达式的圆括号不能缺省，而表达式任意。该表达式代表条件，若表达式的值为 0 即为"假"，否则为"真"。

例如：

```
if(a==b&&x==y)    printf("a=b,x=y");
if(5)    printf("OK");
if('a')   printf("%d",'a');
```

② 语句可以是简单语句，也可以是复合语句。

③ 执行过程为：若条件为"真"则执行语句，否则直接执行 if 语句的下一个语句。

（3）案例

【案例 4.1】 任意输入两个整数，若两者相等则输出相等信息，否则输出大者。

案例分析：

由于这两个整数要随机输入，所以需要两个整型变量 a 和 b。两个数要比较出大小不外乎 3 种情况：a>b、b>a、a=b，所以要比较 3 次。

具体程序如下：

```
#include "stdio.h"
main()
{
    int a,b;
    printf("enter a and b:\n");
    scanf("%d%d",&a,&b);
    if (a>b) printf("%d",a);
    if (a<b) printf("%d",b);
    if (a==b) printf("%d==%d",a,b);
}
```

程序的运行情况：

```
enter x and y:
 54  45
 54
```

【案例 4.2】 输入任意的 3 个整数，输出它们的最小值。

案例分析：

因这 3 个整数要随机输入，所以需要 3 个变量 x，y，z，还需 1 个装最小值的变量 min。从 3 个数中选出小者，可以先假设 x 是最小值，即 min=x；然后让 min 与 y 比较，若 y<min，则 min=y；再让 min 和 z 比较，若 z<min，则 min=z。

具体程序如下：

```
#include "stdio.h"
main()
{
    int x,y,z,min;
    printf("enter x, y and z:\n");
    scanf("%d%d%d",&x,&y,&z);
    min=x;
    if (min>y) min=y;
    if (min>z) min=z;
    printf("min=%d",min);
}
```

程序的运行情况：

```
enter x, y and z:
15   26   12
min=12
```

2. 含 else 子句的 if 语句

（1）语句的一般形式

```
if（表达式）
  语句 1
else
  语句 2
```

（2）执行过程

执行过程如图 4.2 所示。

说明：

① if 后的表达式含义及表示形式同上。

② 语句 1 和语句 2 可以是简单语句，也可以是复合语句。

③ 执行过程为：若条件为"真"则执行语句 1，否则执行语句 2。

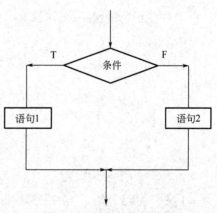

图 4.2　if 语句的执行过程

思维拓展：

考虑下面程序的输出结果：

```c
#include "stdio.h"
 main()
{   int x,y;
     scanf("%d,%d",&x,&y);
     if(x>y)
        x=y;   y=x;
     else
        x++;  y++;
     printf("%d,%d\n",x,y)
```

（3）案例

【**案例 4.3**】 随机输入一个年份值，判断其是否为闰年。

案例分析：

根据题目要求，需要设置一个装年份值的变量 year，看 year 是否满足闰年条件。若满足则输出"是闰年"的信息，否则输出"不是闰年"的信息。而判断闰年的条件是：year 能被 4 整除但不能被 100 整除，或 year 能被 400 整除。用 C 语言的逻辑表达式表示为 （year%4==0 && year %100!=0）|| (year%400==0)。

具体程序如下：

```c
#include "stdio.h"
main()
{
    int year;
    printf("enter year:\n");
    scanf("%d",&year);
    if ((year%4==0 && year%100!=0)|| (year%400==0))
      printf("%d 是闰年",year);
     else
      printf("%d 不是闰年",year);
}
```

程序的运行情况：（分两次）

第一次：
```
enter year:
 1968
1968 是闰年
```
第二次：
```
enter year:
 1990
1990 不是闰年
```

【**案例 4.4**】 输入一个整数，判断它能否被 7 整除，若能则输出"yes"，否则输出"no"。

案例分析：

由题意可知需要定义一个变量 x，然后用 7 去除它，若能除尽（即余数为 0）则输出"yes"，否则输出 "no"。

具体程序如下：

```
#include "stdio.h"
main()
{
    int x;
    printf("enter x:\n");
    scanf("%d",&x);
    if (x%7==0)
      printf("yes");
    else
      printf("no");
}
```

程序的运行情况：（分两次）

```
第一次：
enter x:
 89
no
第二次：
enter x:
 49
yes
```

显然，双分支选择结构是根据条件成立与否决定走哪一个分支的。但是在生活和工作中我们常常会遇到多于 2 个分支的情况，如数学中有名的符号函数：

$$f(x) = \begin{cases} 1 & x > 0 \\ 0 & x = 0 \\ -1 & x < 0 \end{cases}$$

该函数有 3 个分支，我们该如何实现呢？此时可以使用 C 语言提供的 if 语句的嵌套。

4.2.2　if 语句的嵌套

若 if 语句出现在 if 或 else 子句中，就构成了 if 语句的嵌套。if 语句的嵌套主要分为 4 种形式。

1．在 if 子句中嵌套含 else 子句的 if 语句

语句的一般形式：

```
if (表达式 1)
    if(表达式 2)
        语句 1
```

```
      else
          语句 2
  else
      语句 3
```

2. 在 if 子句中嵌套不含 else 子句的 if 语句

语句的一般形式：

```
  if (表达式 1)
      {if(表达式 2)
          语句 1}
  else
          语句 2
```

在此要特别注意给内嵌的 if 语句加花括号，因为 C 语言规定 else 总是和前面、离它最近、还没有配对过的 if 匹配。因此如果在此没有给内嵌的 if 语句加花括号，就会出现外面的 else 与内嵌的 if 相匹配的情况，即

```
  if (表达式 1)
      if(表达式 2)
          语句 1
      else
          语句 2
```

这就会造成因图方便而出错的情况。

3. 在 else 子句中嵌套含 else 子句的 if 语句

```
  if (表达式 1)
      语句 1
  else
      if(表达式 2)
        语句 2
      else
        语句 3
```

4. 在 else 子句中嵌套不含 else 子句的 if 语句

```
  if (表达式 1)
      语句 1
  else
      if(表达式 2)
        语句 2
```

通过 3 和 4 可以看出内嵌的 if 语句写在 else 子句中，不管是哪种形式均不会产生错误。因此内嵌的 if 语句要么写在 else 子句中，要么就给内嵌的 if 语句加花括号。

【案例 4.5】　求符号函数的值。

案例分析：

符号函数自变量的值要随机输入，得到相应的结果并输出，所以需要定义两个变量 x 和 y。由于有 3 个分支，所以可以使用 if 的嵌套实现。

具体程序如下：

```
#include "stdio.h"
main()
{
    float  x;
    int  y;
    printf("enter x:\n");
    scanf("%f",&x);
    if (x>0)
      y=1;
     else
      if(x==0)
        y=0;
      else
        y=-1;
    printf("x=%f,y=%d",x,y);
}
```

程序的运行情况：（分三次）

第一次：

```
enter x:
 15
x=15.000000,y=1
```

第二次：

```
enter x:
 0
x=0.000000,y=0
```

第三次：

```
enter x:
 -28.45
x=-28.450000,y=-1
```

不断地在 if 语句中嵌套 if 语句就会形成 if 语句的多层嵌套。

【案例 4.6】　输入学生分数，输出其相应的等级。

案例分析：

在此需要两个变量，一个存放分数 score，一个存放等级 dj。按照目前我国的等级制定，分数对应的等级有 5 个：分数>=90 的为 A 等，80=<分数<90 为 B 等，70=<分数<80 为 C 等，60=<分数<70 为 D 等，分数<60 的为 E 等。由于有 5 个分支，所以需要用到 if 语句的多层嵌套。

具体程序如下：

```c
#include "stdio.h"
main()
{
    int  score;
    char dj;
    printf("enter score:\n");
    scanf("%d",&score);
    if (score>=90)
      dj='A';
    else
      if(score>=80)
        dj='B';
      else
        if(score>=70)
          dj='C';
      else
        if(score>=60)
          dj='D';
        else
          dj='E';
    printf("score=%d,dj=%c",score,dj);
}
```

程序的运行情况：（分五次）

第一次：

```
enter score:
 82
score=82,dj=B
```

第二次：

```
enter score:
 90
score=90,dj=A
```

第三次：

```
enter score:
 77
score=77,dj=C
```

第四次：

```
enter score:
 65
score=65,dj=D
```

第五次：

```
enter score:
 49
score=49,dj=E
```

使用 if 语句嵌套实现多分支选择结构编程，有时会造成编程人员思维上的混乱，为了尽量避免这种情况出现，C 语言提供了专门的实现多分支选择结构的 switch 语句。

4.3　由 switch 语句实现的多分支选择结构

4.3.1　switch 语句的基本形式

1. switch 语句的一般形式

```
switch (表达式)
{    case 常量1：语句1    break;
     case 常量2：语句2    break;
      ⋮
     case 常量n：语句n    break;
     default: 语句 n+1
}
```

说明：

① switch 后的表达式必须要用圆括号括起来，并且表达式的类型必须和后面的常量类型相匹配，但不能是浮点型。

② case 与其后的常量之间至少要隔 1 个空格，并且各 case 后的常量值必须互不相同。

③ break 语句是一个间断语句。在 switch 中一旦遇到 break 语句，系统就会立即跳出 switch 语句。如果 case 后没有 break 语句，则当执行 case 的后语句时，系统将依序执行下一个 case 后的语句，直到遇到 break 语句或 switch 结束。因此要想真正实现多分支选择结构，就必须在每个 case 后加上 break 语句。

④ case 后的语句可以是简单语句，也可以是复合语句。一定要注意复合语句要加花括号 "{ }"。

⑤ case 后的语句可以缺省。一旦语句缺省，其后的 break 语句也要一并缺省，系统将继续执行下一个 case 后的语句。

⑥ default 及对应的语句可以缺省。

2．switch 语句的执行过程

① 计算 switch 后表达式的值。

② 在 switch 中寻找 case 后与其相等的常量值，此时有以下两种情况：

● 若找到相应的常量值，则执行对应常量值后的语句，然后结束 switch 语句。

● 若没有找到相应的常量值，也存在两种情况：

　　◇ 存在 default，则执行 default 后的语句，然后结束 switch 语句。

　　◇ 不存在 default，则跳过 switch 语句，什么也不做。

3．案例

【案例 4.7】 用 switch 语句改写案例 4.6

案例分析：

由于有 5 个分支，除了 60 分以下的分支外，其余 4 个分支分别只相差 10 分：90～100；80～89；70～79；60～69。结合实际将存储分数的变量 score 定义为整型，按照整数除（/）的定义，则 90～100 的 score/10 结果只有两个：10 和 9；80～89 的 score/10 结果为 8；70～79 的 score/10 结果为 7；60～69 的 score/10 结果为 6。

具体程序如下：

```c
#include "stdio.h"
main()
{
    int  score;
    char  dj;
    printf("enter score:\n");
    scanf("%d",&score);
    switch (score/10)
      {
        case 10:
        case 9:  dj='a'; break;
        case 8:  dj='b'; break;
        case 7:  dj='c'; break;
        case 6:  dj='d'; break;
        default: dj='e';
      }
    printf("score=%d,dj=%c",score,dj);
}
```

【案例 4.8】 输入月份，输出该月的天数（对于 2 月份只需输出信息"28 天或 29 天"）。

案例分析：

由于不用考虑 2 月份，所以就不用考虑闰年。按照阳历的规定：一年中除了 2 月份，其余月份的天数均有规律：1、3、5、7、8、10、12 月份，每月有 31 天；4、6、9、11 月份，每月有 30 天；2 月份有 28 或 29 天。程序只需要两个变量：month 和 day。

具体程序如下：

```c
#include "stdio.h"
main()
{
    int month,day;
    printf("enter month:\n");
    scanf("%d",&month);
    switch (month)
      {
        case 1:
        case 3:
        case 5:
        case 7:
        case 8:
        case 10:
        case 12: day=31; break;
        case 2:  printf("month=%d有28天或29天",month); break;
        case 4:
        case 6:
        case 9:
        case 11: day=30; break;
        default:  printf("you input error!\n");
        }
    if (month!=2)
    printf("month=%d有%d天",month,day);
}
```

程序的运行情况：（分四次）

第一次：

```
enter month:
 12
month=12有31天
```

第二次：

```
enter month:
 4
month=4有30天
```

第三次：

```
enter month:
 2
month=2有28天或29天
```

第四次：

```
enter month:
```

```
15
you input error!
```

4.4 　能实现双分支选择结构的条件表达式

在 C 语言中除了可以利用 if 语句和 switch 语句实现选择结构外，还提供了一个可以实现双分支选择结构的条件表达式。

1. 条件运算符

条件运算符由两个符号组成，即 "？" 和 ":"，它的组成格式是："？:"。这个运算符是 C 语言中唯一的一个三目运算符。

2. 条件表达式

条件表达式的形式：

　　　表达式 1? 表达式 2：表达式 3

说明：

① 条件表达式需要 3 个运算对象。

② 表达式 1 就是条件。其运算结果根据表达式 1 的值决定条件表达式取表达式 2 的值还是表达式 3 的值。若表达式 1 为 "真"，则取表达式 2 的值，否则取表达式 3 的值。

③ 条件运算符的优先级高于赋值运算符，但低于算术运算、关系运算和逻辑运算符。

3. 案例

【案例 4.9】 用条件表达式改写案例 4.4。

具体程序如下：

```
#include "stdio.h"
main()
{
    int n;
    printf("enter n:\n");
    scanf("%d",&n);
    n%5==0? printf("yes"): printf("no");
}
```

4.5 　选择结构程序设计实验指导

1. 实验目的

① 进一步掌握各种表达式的使用。

② 利用 if 语句实现选择结构。

③ 利用 switch 语句实现多分支选择结构。

④ 练习程序的调试与修改。

2．实验内容

（1）计算下列分段函数值

$$f(x)=\begin{cases} x^2+x-1, & x<0 \\ x^2-2x+3 \\ x^2-x-5 \end{cases}$$

具体要求如下：

① 用 if 语句实现。自变量和函数值均使用双精度类型。

② 自变量 x 用 scanf 函数输入，且输入前要有提示，结果的输出采用以下形式：

　　x=具体值，f(x)=具体值

③ 分别输入 x=–2.0,0,5.0,10.0，运行该程序。

（2）输入并运行下面的程序

```c
#include "stdio.h"
main( )
{
    int a=2,b=7,c=5;
    switch(a>0)
    {
      case1:switch(b<0)
        {
          case1:printf("@");break;
          case2:printf("!");break;
    }
        case0:switch(c==5)
        {
          case0:printf("*");break;
          case1: ("#");break;
          case2:printf("$");break;
        }
        default:printf("&");
    }
    printf("\n");
}
```

具体要求如下：

① 熟悉 switch 语句的构成。

② 观察 case 语句后有没有 break 语句，有 break 语句和没有 break 语句会有什么不同？

③ 遇到 switch 语句嵌套时，一定要搞清楚 switch 和 case 的配对情况。

练习与实战

一、选择题

4.1 假设 a，b，c 都是 int 型变量，且 a=3，b=4，c=5。以下表达式值为 0 的是（   ）。

    A．a<b   B．b<=c   C．a!=c   D．a>c

4.2 下列运算符中优先级最高的是（   ）。

    A．!   B．+   C．*   D．&&

4.3 下列运算符中优先级最低的是（   ）。

    A．>   B．+   C．|| D．&&

4.4 if(表达式)语句是 if 语句的一种形式，其中表达式（   ）。

    A．必须是逻辑表达式   B．必须是关系表达式

    C．必须是逻辑表达式或关系表达式   D．可以是任意合法的表达式

4.5 以下程序的运行结果是（   ）。

```
#include"stdio.h"
main()
{
    int x;
    scanf("%d",&x);
    if(x<=3);
    else
      if(x!=10) printf("%d\n",x);
}
```

    A．不等于 10 的整数   B．大于 3 且不等于 10 的整数

    C．大于 3 或等于 10 的整数   D．小于 3 的整数

4.6 以下程序段与语句 k=a>b?(b>c?1:0):0;功能相同的是（   ）。

    A．if((a>b)&&(b>c))k=1;elsek=0;   B．if((a>b)||(b>c))k=1;elsek=0;

    C．if(a<=b)k=0;elseif(b<=c)k=1;   D．if(a>b)k=1;elseif(b>c)k=1;elsek=0;

4.7 若 a 是数值类型，则逻辑表达式(a==1)||(a!=1)的值是（   ）。

    A．1   B．0

    C．2   D．不知 a 的值，不能确定

4.8 若执行以下程序时从键盘上输入 1 和 3，则输出结果是（   ）。

    A．1   B．2   C．3   D．6

```
main()
{
    int  a,b,s;
    scanf("%d%d",&a,&b);
```

```
        s=a;
        if(a<b)s=b;
        s+=s;
        printf("%d\n",s);
    }
```

4.9 以下程序的运行结果是（   ）。

 A. 0   B. 1   C. 50   D. 出错

```
main()
{
int  a=50;
    if(a>50)  printf("%d\n",a>50);
    else  printf("%d\n",a<=50);
}
```

4.10 以下程序的运行结果是（   ）。

 A. 1   B. 2   C. 3   D. 4

```
main()
{
    int  a,b,c;
    a=-1,b=2,c=2;
    if(b>c)
      if(a<0)  c=0;
    else  c=-1;
    printf("%d\n",c);
}
```

二、上机实战

4.11 编写程序，输入 3 个整数，输出它们的最大者。

4.12 输入年、月，输出该月的天数。

4.13 输入任意 3 个整数，按照从小到大的顺序输出 3 个数的值。

4.14 输入一个字符，若它是大写字母，就转换为小写字母，若不是字母则不做转换，输出最后所得字符。

4.15 求一元二次方程 $ax^2+bx+c=0$ 的根，其中 a，b，c 的值由键盘输入。

第 5 章　循环结构程序设计

在实际应用中，会经常遇到有规律性的重复操作，如果这个操作需要计算机完成，就可以使用循环结构。

循环结构是结构化程序设计中最重要的基本结构，循环结构的应用可以使大量重复的工作变得更容易，从而提高编程效率。C 语言提供了 3 种循环语句实现循环结构，它们分别是：while、do-while 和 for，同时还可以用 goto 语句和 if 语句实现循环。

5.1　while 循环语句

循环结构分为当型循环和直到型循环两种。当型循环是先判定条件，再执行循环；直到型循环是先执行一次循环，再判断条件。while 循环是当型循环。

1. while 循环的一般形式

```
while(表达式)
   循环体语句
```

其中，表达式为"循环条件"；循环体语句是循环条件成立时要执行的操作。

2. while 循环的执行流程

while 循环的执行流程如图 5.1 所示。

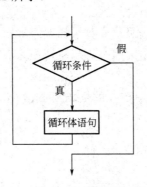

图 5.1　当型循环执行流程

程序执行时，先计算 while 后面的表达式的值，如果其值为"真"（非 0）则执行循环体，在执行完循环体后，再次计算 while 后面的表达式的值，如果其值为"真"（非 0）则继续执行循环体。这个过程持续进行，直到表达式的值为"假"（0），结束循环。

3．while 循环案例

【**案例 5.1**】　编写程序，计算 1+2+3+…+100 的和。

案例分析：

通常，我们采用以下步骤进行计算：

$$第 1 步，0+1=1$$
$$第 2 步，1+2=3$$
$$第 3 步，3+3=6$$
$$第 4 步，6+4=10$$
$$\vdots$$
$$第 100 步，4950+100=5050$$

可以看出这个步骤中包含重复的操作，所以可以用循环结构来表示。分析上述计算过程，可以发现每一步都可以表示为第(i−1)步的结果+i=第 i 步的结果。

为了方便、有效地表示上述过程，我们用一个累加变量 s 来表示上一步的计算结果，即把 s+i 的结果仍记为 s，从而把第 i 步可以表示为 s=s+i。

其中，s 的初始值为 0，i 依次取 1,2,…,100。由于 i 同时记录了循环的次数，所以也称为计数变量。

具体程序如下：

```c
#include "stdio.h"
main()
{
    int s=0, i=1;
    while(i<=100)
    {
      s=s+i;
      i++;
    }
    printf("s=%d\n",s);
}
```

程序的运行结果：

```
s=5050
```

【**案例 5.2**】　编写程序，输出 6!。

案例分析：

通常，我们采用以下步骤进行计算：

$$第 1 步，1×1=1$$
$$第 2 步，1×2=2$$
$$第 3 步，2×3=6$$
$$第 4 步，6×4=24$$
$$第 5 步，24×5=120$$
$$第 6 步，120×6=720$$

显然，这组步骤中包含重复的操作，所以可以用循环结构来表示。分析上述计算过程，可以发现每一步都可以表示为第(i–1)步的结果×i=第 i 步的结果。

为了方便、有效地表示上述过程，我们用一个乘积变量 p 来表示上一步的计算结果，即把 p×i 的结果仍记为 p，从而把第 i 步可以表示为 p=p×i。

其中，p 的初始值为 1，i 依次取 1,2,…,6。由于 i 同时记录了循环的次数，所以也称为计数变量。

具体程序如下：

```c
#include "stdio.h"
main()
{
    int p=1, i=1;
    while(i<=6)
    {
     p=p*i;
     i++;
    }
    printf("p=%d\n",p);
}
```

程序的运行结果：

```
p=720
```

说明：

① while 循环的特点是先计算表达式的值，然后根据表达式的值决定是否执行循环体中的语句。因此，如果表达式的值一开始就为"假"，那么循环体一次也不执行。

② 循环体如果包含一个以上的语句，应该用{ }括起来，以复合语句形式出现。

③ 在循环体中应有使循环趋于结束的语句，以避免"死循环"的发生。

5.2　do-while 循环语句

在程序执行过程中，有时候需要先执行循环体内的语句，再对循环条件进行判断（即直到型循环）。在 C 语言中，直到型循环可以使用 do-while 循环来实现。

1. do-while 循环的一般形式

```c
do
{
    循环体语句
} while(表达式);
```

其中，表达式为"循环条件"，循环体语句是第一次以及循环条件成立时要执行的操作。

2．do-while 循环的执行流程

do-while 循环的执行流程如图 5.2 所示。

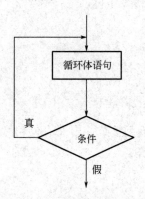

图 5.2　直到型循环的执行流程

程序执行时，先执行循环体，然后计算 while 后面的表达式的值，如果其值为"真"（非 0）再执行循环体，在执行完循环体后，又计算 while 后面的表达式的值，如果其值为"真"（非 0）则继续执行循环体，这个过程持续进行，直到表达式的值为"假"（0），结束循环。

3．do-while 循环案例

【案例 5.3】 利用 do-while 语句计算 1+2+3+…+100 的和。

案例分析：

见案例 5.1，由于循环次数不止 1 次，所以可以先做一次循环，再来判定条件。由于循环终值不变，所以循环条件不变。

具体程序如下：

```c
#include "stdio.h"
main()
{
  int s=0, i=1;
  do
  {
    s=s+i;
    i++;
  }
  while(i<=100);
  printf("s=%d\n",s);
}
```

程序的运行情况：

```
s=5050
```

【案例 5.4】 输入一个正整数，计算该整数的位数。（比如，输入 3451，输出 4；输入

123，输出 3。）

案例分析：

一个正整数除以 10 后，其商将少 1 位。

比如：

1234/10……………………结果为 123

123/10………………………结果为 12

12/10………………………结果为 1

1/10………………………结果为 0

所以可以用一个变量 n 存储该正整数，用 k 存储位数。若 n!=0，则 k=1，同时把 n/10 的结果仍记为 n，直到 n 为 0，结束。

具体程序如下：

```
#include "stdio.h"
main()
{
    int  n,k=0;
    printf("请输入一个正整数 n: ");
    scanf("%d",&n);
    do
      {
            n=n/10;
            k=k+1;
        }while(n!=0);
      printf("k=%d",k);
}
```

程序的运行情况：

```
请输入一个正整数 n: 1234
k=4
```

思维拓展：

案例 5.4 中，若给 n 输入的值为 0，将会出现什么情况？

说明：

① do-while 循环总是先执行一次循环体，然后再求表达式的值，因此，无论表达式是否为"真"，循环体至少执行一次。

② do-while 循环与 while 循环十分相似，它们的主要区别是：while 循环先判断循环条件再执行循环体，循环体可能一次也不执行。do-while 循环先执行循环体，再判断循环条件，循环体至少执行一次。所以 do-while 循环等价于以下的 while 循环：

```
循环体语句
While (表达式)
循环体语句
```

5.3　for 循环语句

在案例 5.2 中求 6! 时，是按照 1×2×3×4×5×6 顺序依次进行计算的。显然，乘数是有序递增的。对于这种通过有序递增变量值完成的数据计算，最方便的就是用 for 循环来实现。

for 循环是 C 语言中功能最为强大的循环，同时也是书写形式最为特殊的循环，它能将循环变量初值、循环控制条件以及循环变量的改变放在同一语句中。

1．for 循环的一般形式：

> for(表达式 1;表达式 2;表达式 3)　循环体语句

其中，表达式 1 为循环变量赋初值，表达式 2 为循环控制条件，表达式 3 为改变循环控制变量值。各表达式间用"；"分隔。

2．for 循环的执行流程

for 循环执行流程如图 5.3 所示。

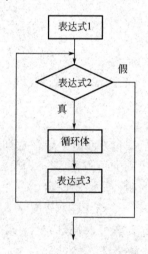

图 5.3　for 循环（当型循环）

① 首先计算表达式 1。

② 计算表达式 2。若表达式 2 的值为非 0（即循环条件成立），则转去执行③；若表达式 2 的值为 0（即循环条件不成立），则转去执行⑤。

③ 执行循环体。

④ 计算表达式 3，然后转②判断循环条件是否成立。

⑤ 结束循环，执行 for 循环之后的语句。

3．for 循环案例

【案例 5.5】　求正整数 n 的阶乘 n!，其中 n 由用户输入。

案例分析：

见案例 5.2，由于 n! =1×2×3×4…×n 分析得出，至少设定 3 个变量，fact 为连乘积；i 为参与阶乘的项；n 为用户输入的值，也代表循环次数。

具体程序如下：

```c
#include "stdio.h"
main()
{
  float fact;
  int i,n;
  printf("请输入一个大于 0 的正整数 n:");
  scanf("%d",&n);
  fact=1;
  for(i=1;i<=n;i++)
    fact*=i;
  printf("fact=%f\n",fact);
}
```

程序的运行结果：

```
5
fact=120.000000
```

【案例 5.6】 求二阶斐波那契（Fibonacci）数列：1，1，2，3，5，8，13，…的前 30 个数。

案例分析：

这是一个古典数学中的"兔子数量"问题。这个数列被称为斐波那契数列。斐波那契数列有多阶之分。二阶斐波那契数列的特点是第一、第二两个数的值均为 1，从第三个数开始，每个数均是它前面两个数之和。显然需设定 4 个变量，其中 f1、f2 为数列的前两个数，f3 为要求的第三个数，另设一个变量 i 控制循环的次数。算法首先给 f1 和 f2 分别赋初值 1，然后输出这两个数，接下来进入循环：① 求 f3=f1+f2；② 输出 f3；③ 令 f1=f2;f2=f3；④ 变量 i 的值增 1，进入下一轮循环。由于最初的 f1 和 f2 的值在循环体外输出，所以循环只需执行 28 次即可求出其前 30 个数。为了获得较好的输出效果，每行输出 3 个数，并尽量拉开距离。

具体程序如下：

```c
#include <stdio.h>
main( )
{
  long int f1,f2,f3;
  int i;
  f1=1;f2=1;
  printf("%12ld %12ld",f1,f2);
  for(i=3; i<=30; i++)
```

```
        {
          f3=f1+f2;
          printf("%12ld",f3);
          if(i%3==0) printf("\n");
          f1=f2;
          f2=f3;                    }
        }
```

程序的运行情况：

```
1              1            2
3              5            8
13             21           34
55             89           144
233            377          610
987            1597         2584
4181           6765         10946
17711          28657        46368
75025          121393       196518
317811         514229       832040
```

思维拓展：
案例 5.6 中的变量数还可以再压缩吗？请取消 f3，重新编写程序。

说明：

① for 语句中表达式 1、表达式 2、表达式 3 都可以省略，但是起分隔作用的 ";" 不能省略。

② 如果省略表达式 1，即不在 for 语句中给循环变量赋初值，此时应在 for 语句前给循环变量赋初值。即

        for(i=1,fact=1; i<=n; i++) fact=fact*i;

等价于   i=1;fact=1; for(; i<=n; i++) fact=fact*i;

③ 如果省略表达式 2，循环控制条件缺省，则循环将无终止地进行下去。即当缺省表达式 2 时，for 认为循环始终为"真"，此时应该在循环体中安排检测及退出循环的机制。

④ 如果在 for 原有位置省略表达式 3，则应该将表达式 3 加上分号 ";" 放置在循环体的最后，为循环体中的最后一条单语句。

例如，案例 5.5 的循环部分可改写为：

```
main()
{
  ⋮
  for(i=1; i<=n; )
  {
    fact=fact*i;
```

```
        i++;
    }
    ⋮
    }
```

⑤ 表达式 1 可以是设置循环变量初值的表达式（常用），也可以是与循环变量无关的其他表达式。

⑥ 表达式 1、表达式 3 可以是简单表达式，也可以是逗号表达式。

⑦ 表达式 2 一般为关系表达式或逻辑表达式，也可以是数值表达式或字符表达式。

知识的延伸：

C 语言的 3 种循环有何异同？

C 语言中，3 种循环结构都可以用来处理同一个问题，一般情况下它们可以相互替代，但在具体使用时存在一些细微的差别。

（1）循环变量初始化

while 和 do-while 循环，循环变量初始化都放置在 while 和 do-while 语句之前，而 for 循环，循环变量的初始化可以放在 for 的表达式 1 中，但执行均在循环体之前，并且只执行 1 次。

（2）循环条件

while 和 do-while 循环只在 while 后面指定循环条件，而 for 循环可以在表达式 2 中指定。

（3）循环变量修改使循环趋向结束

while 和 do-while 循环要在循环体内包含使循环趋于结束的操作，for 循环可以在表达式 3 中完成。

（4）for 循环可以省略循环体

for 循环可以将循环体中的操作全部放到表达式 3 中，从而使程序看起来更简洁。

（5）while 和 for 循环是当型循环，do-while 是直到型循环

while 和 for 循环均是先判断表达式，后执行循环体，所以两者均为当型循环，同时由于 for 语句功能的强大，因此凡用 while 循环能完成的，用 for 循环都能完成；而 do-while 是先执行循环体，再判断表达式。

4．3 种循环比较案例

【案例 5.7】 分别用 3 种循环结构实现：输出 50～100 之间能被 7 整除的数。

① 用 while 语句实现，具体程序如下：

```c
#include "stdio.h"
main()
{
  int i=50;
  while(i<=100)
  {
   if(i%7==0)
     printf("%4d",i);
```

```
      i++;
    }
  }
```

② 用 do-while 语句实现，具体程序如下：

```
#include "stdio.h"
main()
{
  int i=50;
  do
  {
   if(i%7==0)
      printf("%4d",i);
   i++;
  } while(i<=100);
}
```

③ 用 for 语句实现，具体程序如下：

```
#include "stdio.h"
main()
{
  int i;
  for(i=50; i<=100; i++)
   if(i%7==0)
   printf("%4d",i);
}
```

3 段代码的运行结果均为：

```
56   63   70   77   84   91   98
```

知识的延伸：

如何选择合适的循环控制语句？

C 语言的 3 种循环语句虽然选用任何一种都基本上可以完成相同的功能，但选择合适的循环语句可以使程序更加简洁、有效，而且可读性好。通常情况下可按照下面的原则选择：

① 若循环次数在循环体外决定，选择 for 循环语句。

② 若循环次数由循环体内的执行情况而定，选择 while 或 do-while 循环语句。

③ 若循环体至少执行 1 次，选用 do-while 循环语句。

④ 若循环体可能一次也不执行，选用 while 循环语句。

5.4　循环的嵌套

1. 循环嵌套

一个循环体内又包含另一个完整的循环结构称为循环的嵌套。内嵌的循环中还可以嵌套循环，这就是多层循环。

3 种循环（while 循环、do-while 循环和 for 循环）可以互相嵌套，如表 5-1 所示。

表 5-1　几种合法形式的循环嵌套

	自身嵌套		相互嵌套

while	while( )
	{　⋮
	while( )
	{ ⋮ }
	}
		while 与
		do-while
			while( )
			{　⋮
			do{ ⋮ }while( );
			{ ⋮ }

do-while	do
	{ ⋮
	do
	{ ⋮ }while( );
	} while( );
		for 与 while	for(;;)
			{　⋮
			while( )
			{ ⋮ }
			⋮

for	for(;;)
	{
	for(; ;)
	{ ⋮ }
	}
		do-while 与 for	do
			{　⋮
			for(; ;)
			{ ⋮ }
			} while( );

2．循环嵌套案例

【案例 5.8】　用 for 循环结构输出 99 乘法表。

案例分析：

小学 99 乘法表的显示效果为：

1*1=1

1*2=2　　2*2=4

1*3=3　　2*3=6　　3*3=9

1*4=4　　2*4=8　　3*4=12　　4*4=16

1*5=5　　2*5=10　　3*5=15　　4*5=20　　5*5=25

1*6=6　　2*6=12　　3*6=18　　4*6=24　　5*6=30　　6*6=36

1*7=7　　2*7=14　　3*7=21　　4*7=28　　5*7=35　　6*7=42　　7*7=49

1*8=8　　2*8=16　　3*8=24　　4*8=32　　5*8=40　　6*8=48　　7*8=56　　8*8=64

1*9=9　　2*9=18　　3*9=27　　4*9=36　　5*9=45　　6*9=54　　7*9=63　　8*9=72　　9*9=81

显然它是由 9 行表达式组组成的。每行的表达式组均由 1 到多个 i*j=i*j 的值组成，所以 99 乘法表的第一个核心问题是要输出：i*j=i*j 的值；每行表达式组的 j 均为这行的行数，而 i 的值却由 1 变换到 j，所以输出每行要用循环结构；而 j 从 1 变化到 9，所以控制行数又需要一个循环结构，并且每行输完后要换行，所以这是一个双循环控制程序。

具体程序如下：

```
#include "stdio.h"
main()
{
    int i,j;
    for(j=1;j<=9;j++)
```

```
        {
            for(i=1;i<=j;i++)
        printf("%d*%d=%d\t",i,j,i*j);
            printf("\n");
        }
    }
```

程序的运行情况如图 5.4 所示。

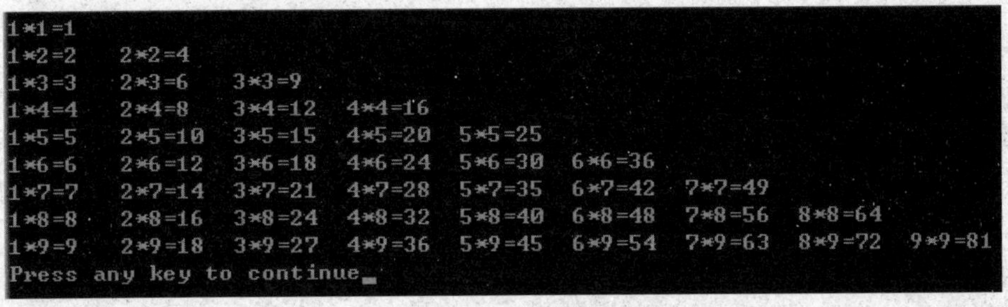

图 5.4　程序运行情况

5.5　break 语句和 continue 语句

在程序执行过程中，常常会遇到需要结束本次循环进入下次循环或退出循环的情况，此时就需要用到 continue 语句和 break 语句。

5.5.1　break 语句

break 语句在选择结构的 switch 语句中已做过介绍，其作用是使流程跳出 switch 语句。实际上，break 语句还可以用来从循环体内跳出到循环体外，从而提前结束循环，去执行循环下面的语句。

break 语句的一般形式：

```
break ;
```

例如：

```
for(k=2;k<=n-1;k++)
    if(n%k==0)break;
```

判断 n 是否为素数。从这段代码可以看到，一旦出现 2~n-1 中有一个整数能整除 n，则提前终止执行循环。

注意，break 语句不能用于循环语句和 switch 语句之外的任何其他语句中。

5.5.2　continue 语句

continue 语句的一般形式：

```
continue;
```

例如：

```
for(i=2;i<=100;i++)
  {
        if(i%2==0) continue;
        s=s+i;
  }
```

计算 100 以内的所有奇数和。从上面的 for 循环可以看到，当 i 为偶数时结束这次循环，进入下次循环。只有当 i 为奇数时，才进行求和。

continue 语句的作用为结束本次循环，即跳过循环体中下面尚未执行的语句，接着进行下一次是否执行循环的判定（在 for 循环中要先计算表达式 3，再进行下一次是否执行循环的判定）。注意，continue 并没有退出循环。

【案例 5.9】　求 70～100 以内的所有素数。

案例分析：

素数为大于等于 2 的只能被 1 和自身整数的自然数。判断一个数 p 是否为素数，最直接的方法就是用 2 到 p–1 的每个数去除它，只要有一个数被整除，则 p 就不是素数，否则就是素数。这就需要使用循环。而 70～100 之间的每个数均要做这个判定，所以这个问题解决的方法之一就是使用循环嵌套。其中设置 3 个变量：n 代表 70～100 之间的数，k 代表 2～n–1 之间的数，f 为是否素数的标志。初值设为 1（假设是素数）。

具体程序如下：

```
#include"stdio.h"
 main()
{
    int n,k,f;
    for(n=70; n<=100; n++)
      {
        f=1;
        for(k=2;k<=n-1; k++)
          if(n%k==0)
            {
              f=0;
              break;
            }
        if(f==1)
         printf("%5d",n);
      }
}
```

程序运行情况：

```
 71    73    79    83    89    97
```

【案例 5.10】　输出 40 到 60 之间不能被 5 整除的整数。

案例分析：

本例利用 continue 语句的特性，每当循环执行到 40、45、50、55、60 这几个数时，就中断当次循环，使得该数不能被输出。

具体程序如下：

```
#include"stdio.h"
void main()
{
    int i;
    for(i=40;i<=60;i++)
    {
        if(i%5==0)
        {
            printf("\n");              /*使输出每四个数换一行*/
            continue;
        }
        printf("%5d",i);
    }
    printf("\n");
}
```

程序的运行结果：

```
    41    42    43    44
    46    47    48    49
    51    52    53    54
    56    57    58    59
```

思维拓展：

大多数 for 循环可以利用标准模式转化成 while 循环，但并不是所有的 for 循环都可以。尝试分析下面两段程序个，看看它们到底有什么不同。

程序段 1:

```
n=0;
sum=0;
while(n<10)
{
  scanf("%d",&i);
  if(i==0) continue;
sum+=i;
n++;
}
```

程序段 2:

```
sum=0;
for(n=0;n<10;n++)
```

```
    {
      scanf("%d",&i);
      if(i==0) continue;
    sum+=i;
    }
```

5.6　循环结构程序设计实验指导

1. 实验目的

① 掌握循环结构程序的基本特征，理解循环控制、循环体、循环控制变量的含义。

② 练习并掌握实现循环结构的 3 种语句：while 语句、do-while 语句、for 语句。

③ 会编写简单的循环结构程序。

④ 练习并掌握选择结构与循环结构混合的程序设计。

⑤ 练习程序的调试与修改。

2. 实验内容

（1）输入并运行下面的程序

```
#include  "stdio.h"
main()
{  int x=8;
   for( ; x>0; x--)
   {  if(x%3) {printf("%d,",x--); continue; }
      printf("%d,",--x);}
}
```

具体要求如下：

① 设置程序断点观察变量 x 的变化情况。

② 根据程序的运行结果，写出你对循环过程的理解。

③ 用 while 和 do-while 改写该程序。

（2）分别使用 while、do-while 和 for 语句编程求 1～100 的和 s

具体要求如下：

① 找出 3 种循环所编程序的相同部分和不同部分。

② 观察各变量的变化情况。

③ 输出要有文字说明。输出形式为：

　　s=具体和值

方法说明：

流程图如图 5.5 所示。

（3）输入一个正整数，输出其是否素数

具体要求如下：

① 采用 for 循环。

② 输出要有文字说明。输出形式为：

　　具体值是素数　　或　　具体值不是素数

③ 在程序内部加必要的注释（至少加一处）。

方法说明：

流程图如图 5.6 所示。

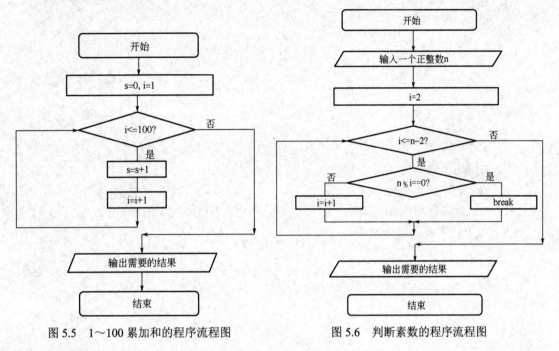

图 5.5　1～100 累加和的程序流程图　　　　图 5.6　判断素数的程序流程图

练习与实战

一、选择题

5.1　有以下程序段：

```
int  k=10；
while(k=1)  k++；
```

while 循环执行的次数是（　　　）。

　A．无限次　　　　　　　　　　B．有语法错，不能执行

　C．一次也不执行　　　　　　　D．执行 1 次

5.2　有以下程序段：

```
int t；
t=0；
while( t=1)
{  …  }
```

则以下叙述中正确的是（　　）。

　　A．循环控制表达式的值为 0　　　　　B．循环控制表达式的值为 1

　　C．循环控制表达式不合法　　　　　　D．以上说法都不对

5.3　在 C 程序中，与 while(m)中表达式 m 完全等价的是（　　）。

　　A．m==0　　　　　B．m!=0　　　　　C．m==1　　　　　D．m!=1

5.4　执行以下程序段时：

```
x=-1;
do
{
x=x*x;
x=-x;
}
    while(! x);
```

则下面描述正确的是（　　）。

　　A．循环体将执行一次　　　　　　　　B．循环体将执行两次

　　C．循环体将执行无限次　　　　　　　D．系统将提示有语法错误

5.5　以下程序段的输出结果是（　　）。

```
int  x=4;
do
    {
        printf("%d",x-=3);
    }while (!(--x));
```

　　A．1　　　　　　　　B．3 0　　　　　　C．1 -3　　　　　D．死循环

5.6　有如下程序：

```
main()
{
int  x=25;
    do
    {
 printf("%d",x);
        x--;
    }while(!x);
}
```

该程序的执行结果是（　　）。

　　A．523　　　　　　　　　　　　　　　B．25

　　C．不输出任何内容　　　　　　　　　　D．陷入死循环

5.7　若 i 为整型变量，则以下循环执行的次数是（　　）。

```
for(i=3; i==1;)
    printf("%d", i--);
```

　　　A．无限次　　　　　　B．0 次　　　　　　C．1 次　　　　　　D．2 次

5.8　执行语句 for(i=1; i++<5;　)后，变量 i 的值是（　　）。

　　　A．4　　　　　　　　B．5　　　　　　　　C．6　　　　　　　　D．不定

5.9　执行语句 for(i=5;i>0;i--);i--;后，变量 i 的值是（　　）。

　　　A．0　　　　　　　　B．10　　　　　　　C．-1　　　　　　　D．1

5.10　下列程序的输出结果是（　　）。

```
main()
{
    int i;
    for(i=1;i<=10;i++)
      {
          if((i*i>=20)&&(i*i<=100))
        break;
      }
    printf("%d\n",i*i);
}
```

　　　A．9　　　　　　　　B．16　　　　　　　　C．25　　　　　　　　D．36

5.11　下列程序的运行结果是（　　）。

```
main()
    {
      int i=0,a=0;
      while(i<20)
        {
          for(;;)
            {
              if(i%10==0) break;
              else i--;
            }
          i+=11;
          a+=i;
        }
      printf("%d\n",a);
    }
```

　　　A．32　　　　　　　　B．30　　　　　　　C．28　　　　　　　D．36

5.12　下列叙述中正确的是（　　）。

　　　A．break 只能用于 switch 语句

　　　B．switch 语句中必须使用 default

　　　C．break 必须与 switch 语句中的 case 配对使用

　　　D．在 switch 中，不一定使用 break

5.13　有下列程序段：

```
int n,t=1,s=0;
scanf("%d",&n);
do {s=s+t;t=t-2;}while(t!=n);
```

为使此程序不陷入死循环，从键盘输入的数应该是（   ）。

  A．任意正奇数 B．任意负偶数 C．任意正偶数 D．任意负奇数

5.14 下列程序的运行结果是（   ）。

```
main()
{
    int a=1,b;
    for(b=1;b<=10;b++)
      {
        if(a>=8) break;
        if(a%2==1)
          {
            a+=5;
            continue;
          }
        a=3;
      }
    printf("%d\n",b);
}
```

  A．3   B．4   C．5   D．6

5.15 下面的 for 语句的循环次数是（   ）。

```
for(x=1,y=0;(y!=19&&(x<6));x++);
```

  A．无限循环   B．循环次数不定

  C．最多执行 6 次   D．最多执行 5 次

二、上机实战

5.16 求 1～100 之间所有偶数的和，即 2+4+6+8+…+100。

5.17 求 1~10000 之间所有其个位数的立方和等于该数的数（如：1，64，125，等等）。

5.18 编写程序，实现如下图形：

  5

  45

  345

  2345

  12345

5.19 编写一段程序，求出 3 和 50 之间的所有素数（质数），要求每行输出 5 个。

5.20 用 100 文钱去买 100 只鸡，公鸡 5 文钱 1 只，母鸡 3 文钱 1 只，小鸡 1 文钱 3 只。问公鸡、母鸡、小鸡各买几只？

第6章 数组与字符串

到目前为止，我们使用的都是简单数据类型，它们的特点是每个变量只能对应一个数据，即一个变量只有一个值。除了简单数据类型外，C语言还提供了一个变量对应多个值的构造数据类型，它们是：数组类型、结构体类型以及共用体类型。其中数组类型实现一个变量对应一组同类型的数据。每个数据被存放在具有同一个数组名而下标不同的数组元素中，通过循环结构可以快速方便地完成对数组中数据操作的目的。

6.1 一 维 数 组

6.1.1 一维数组的定义

在C语言程序设计中，数组可以具有多个下标，数组下标的个数称为数组的维数。只有一个下标的数组称为一维数组。

定义方式：

  类型名　数组名[常量表达式]；

例如：int a[8];

说明：

① 类型名用于说明数组中每个成员（数组元素）的数据类型，它必须放置在定义的最前端。

② a为数组名，数组名的命名和变量名相同，遵循标识符命名规则。

③ 数组名后必须使用方括号。方括号括起来的是常量表达式，不能包含变量。常量表达式表示数组元素的个数（称为数组长度）。例如，a[8]表示a数组有8个元素。

④ 数组元素的下标从0开始，上面定义的a数组的8个元素分别是：a[0]，a[1]，a[2]，a[3]，a[4]，a[5]，a[6]，a[7]。注意，不能使用数组元素a[8]。

⑤ C编译程序为a数组在内存中开辟8个连续的大小相同的存储单元，一个存储单元对应一个数组元素，可以用数组元素名来直接引用存储单元，如图6.1所示。

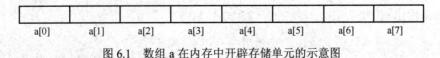

图6.1　数组a在内存中开辟存储单元的示意图

6.1.2 一维数组元素的引用

对数组的访问不能整体进行，而只能对数组中的某一个元素进行单独的访问。

1. 一维数组元素的引用形式

引用形式：

数组名[下标]

其中的"下标"可以是一个整型常量，也可以是一个已赋值的整型变量、整型值表达式。

例如：a[3]=a[0]+a[1]*a[8−4]

2. 一维数组元素引用案例

【案例 6.1】 输入 10 个整数，然后逆向输出这 10 个数。

案例分析：

由于需要逆向输出所输入的 10 个数，按照以前的处理方式，需要设置 10 个不同的整型变量。给这 10 个变量起名实在令人头疼，此时可以利用整型一维数组，定义 10 个元素。由于其名称部分仅仅区别在下标上，而下标又是顺序编号的，所以使用循环结构可以使程序简洁、清晰。

具体程序如下：

```c
#include "stdio.h"
main()
{
    int a[10],i;
    printf("请输入10个整数：");
    for(i=0;i<10;i++)
    {
      scanf("%d",&a[i]);
      }
    printf("\n");
    printf("请反向输出这10个整数：");
    for(i=9;i>=0;i--)
    {
      printf("%d ",a[i]);
      }

}
```

程序的运行情况：

请输入 10 个整数：10 35 88 90 43 30 25 87 29 57

请反向输出这 10 个整数：57 29 87 25 30 43 90 88 35 10

思维拓展：

C 语言程序在运行过程中，系统并不自动检验数据元素的下标是否越界，因此数组两端都可能越界而破坏了其他存储单元中的数据，造成程序运行结果的不可预料。尝试运行下面两个程序段，看看会出现什么问题？

程序段 1:

```
    int y[2];
  y[2]=5;
    printf("%d",y[2]);
```

程序段 2:

```
  int y[3];
  scanf("%d",&y[3]);
    printf("%d",y[3]);
```

6.1.3 一维数组的初始化

像其他变量一样，数组也可以在定义时赋予其数组元素初值，这称为数组元素的初始化。

一维数组初始化的方法如下。

1. 给所有元素赋初值

```
    int a[5]={0,1,3,5,7};
```

当给所有数组元素赋初值时，可以不指定数组长度，即 [] 内的个数可以省略。上面的初始化可改写为：

```
    int a[ ]={0,1,3,5,7};
```

系统会根据元素个数自动确定数组的长度为 5。

2. 只给一部分元素赋初值

```
    int a[8]={0,1,2,3,4};
```

由于定义的 a 数组有 8 个元素，但初始化只给了 5 个初值，这表示只给前面 5 个元素赋初值，即 a[0]获值 0、a[1]获值 1、a[2]获值 2、a[3]获值 3、a[4]获值 4，后面的 3 个元素值为 0。对于字符型数组也同样，只是 0 值指的是 ASCII 码值为 0，即字符'\0'。例如，以下定义：

```
    char c[5]={'$#%'};
```

相当于：

```
    char c[5]={'$','#','%','\0','\0'};
```

6.1.4 一维数组程序案例

【案例 6.2】 用一维数组改写案例 5.6，即求二阶 Fibonacci 数列：1，1，2，3，5，8，13，…的前 30 个数。

案例分析：

采用含 30 个元素的长整型数组处理，使问题处理更为清楚。

具体程序如下：

```
#include "stdio.h"
main( )
{   long int f[30];
    int i;
    f[0]=f[1]=1;
    for(i=2;i<30;i++)
      f[i]=f[i-1]+f[i-2];
    for(i=0;i<30;i++)
      {
       if (i%3==0) printf("\n");
        printf("%12ld",f[i]);
      }
}
```

程序运行结果：

```
1            1            2
3            5            8
13           21           34
55           89           144
233          377          610
987          1597         2584
4181         6765         10946
17711        28657        46368
75025        121393       196518
317811       514229       832040
```

【**案例 6.3**】　任意读入 10 个整数，输出其中的最大值。

案例分析：

首先定义一个有 10 个元素的整数数组，为了便于求最大值，可以定义一个专门存储最大值的变量 max。首先假设 0 下标元素的值是最大值，然后从下标 1 元素开始，通过循环结构实现每个元素与 max 做比较，若比 max 值大，则让 max 的值为该元素的值。

具体程序如下：

```
#define N 10
#include "stdio.h"
main( )
{
  int a[N], i, max;
  for(i=0;i<N;i++)
    scanf("%d", &a[i]);
  max=a[0];
  for(i=1;i<N;i++)
    if(a[i]>max) max=a[i];
  printf("%d\n", max);
```

```
        }
```

程序运行结果：

输入数据：15　40　58　71　66　80　39　27　9　65

输出数据：80

【案例 6.4】　用选择法对任意读入的 10 个整数排列后输出（从小到大）。

案例分析：

选择排序的基本思想是：将整数序列分为有序子序列（前）和无序子序列（后）两个部分，每次从无序子序列中选出最小值，将其与无序子序列的第一个数据交换，然后将交换后的数据添加到有序子序列的尾部，并将该数据从无序子序列中剔除，这样无序子序列的长度不断减小，而有序子序列的长度不断增加，直到将无序子序列的数据都添加到有序子序列为止。具体过程如下（以 6 个数据为例）。

第一趟：

初始状态（无序）：　36,　25,　48,　12,　65,　43

找最小值（12）：　36,　25,　48,　12,　65,　43

与第一个无序数交换：（12），25,　48,　36,　65,　43

第二趟：

找最小值（25）：　（12），25,　48,　36,　65,　43

与第一个无序数交换：（12,　25），48,　36,　65,　43

第三趟：

找最小值（36）：　（12），25,　48,　36,　65,　43

与第一个无序数交换：（12,　25,　36），48,　65,　43

第四趟：

找最小值（43）：　（12,　25,　36），48,　65,　43

与第一个无序数交换：（12,　25,　36,　43），65,　48

第五趟：

找最小值（48）：　（12,　25,　36,　43），65,　48

与第一个无序数交换：（12,　25,　36,　43,　48），65

最后结果：　　　　12,　25,　36,　43,　48,　65

具体程序如下：

```c
#include "stdio.h"
#define N 10
main( )
{
  int a[N],i,j,k,min;
  for(i=0;i<N;i++)
  scanf("%d",&a[i]);
  for(j=1;j<=N-1;j++)              /*外循环控制趟数*/
  {
    min=a[j-1];
```

```
    for(i=j-1;i<N;i++)              /*内循环控制每趟比较找最小值*/
      if(min>a[i])
      {
        min=a[i];
        t=i;
      }
        if(t!=j-1)
        {
          k=a[j-1];
          a[j-1]=a[t];
          a[t]=k;
        }
      }
    for(i=0;i<N;i++)
    printf("%7d",a[i]);
  }
```

程序运行结果：

输入数据：28 36 75 98 23 65 54 72 80 6

输出结果：

```
    6      23     28     36     54     65     72     75     80     98
```

【案例 6.5】 输入 10 个人的成绩，要求：

① 计算 10 个人的平均成绩并输出，同时将高于平均分的分数保存且输出。

② 统计并输出成绩高于平均分的人数。

案例分析：

可用一维数组 score 存放 10 个人的成绩，用 good 数组存放高于平均分的成绩，分别用 sum、avg 存放总成绩和平均成绩，用 num 统计人数。利用循环结构，计算出 10 个人的平均成绩，然后逐个让每个成绩与平均成绩做比较，大者存入 good 数组，并使人数加 1。

具体程序如下：

```
#include "stdio.h"
#include "string.h"
main( )
{
    int score[10] , good [10] ;
    int i, j,sum, num;
    float avg;
    sum=0;
    num=0;
    for(i=0;i<10;i++)
      scanf("%d",&score[i]);
```

```
for(i=0;i<10;i++)
  sum+=score[i];
avg=sum/10.0;
for(i=0,j=0;i<10;i++)
 if(score[i]>avg)
 {
    num++;
    good[j]=score[i];
    j++;
 }
printf("the average score=%f\n",avg);
printf ("\n above the average score are:");
for (i=0;i<num;i++)
printf("%d",good[i]);
printf("\nThe number of above average%d:",num);
}
```

程序运行结果:

```
65  83  74  45  79  63  82  91  90   53
the average score=72.500000
above the average score are:83  74  79  82  91  90
The number of above average:  6
```

6.2 二 维 数 组

6.2.1　二维数组的定义

当数组中每个元素有两个下标时,这样的数组就称为二维数组。

定义方式:

　　类型名　数组名[常量表达式 1] [常量表达式 2];

例如:float a[3][4],b[6][8];定义 a 为 3 行 4 列的数组,b 为 6 行 8 列的数组。

说明:

①　二维数组有两个下标,第一个方括号中的下标代表行号,称行下标;第二个方括号的下标代表列号,称列下标。行下标和列下标的下限总为 0。

②　二维数组内存开辟一片连续的存储单元。而存放顺序是以行序为主序,顺序存放。即先存放第 0 行的元素,再存放第 1 行的元素,……,也就是“按行存放”,如图 6.2 所示。

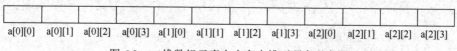

图 6.2　二维数组元素在内存中排列顺序示意图

③ 二维数组的每一行可看作一个一维数组，每个数组元素又是包含若干个元素的一维数组。如以上 a 数组可以看成实是由 a[0]、a[1]、a[2]3 个元素组成的一维数组，其中每个元素又是由 4 个整型元素组成的一维数组，如图 6.3 所示。

```
a[0] ················· a[0][0]  a[0][1]  a[0][2]  a[0][3]
a[1] ················· a[1][0]  a[1][1]  a[1][2]  a[1][3]
a[2] ················· a[2][0]  a[2][1]  a[2][2]  a[2][3]
```

图 6.3　二维数组的一维化表示

6.2.2　二维数组元素的引用

1．二维数组元素的引用形式

引用形式：

```
数组名[下标] [下标]
```

其中的"下标"可以是一个整型常量，也可以是一个已赋值的整型变量、整型值表达式。

例如，若定义语句：

```
int x[2][4];
```

则 x[0][1]、x[i][j]、w[i+k][j+k]都是合法的数组元素引用形式，只是每个下标表达式的值必须是整数，且不得超过数组定义中的上、下界。数组元素下标越界，语法上不算错误，但程序结果可能出错。

> **思维拓展：**
> ① 引用二维数组时，一定要把两个下标分别放在两个方括号内。例如，引用以上 x 数组元素时，不可写成：x[0,1]、x[i,j]、w[i+k,j+k]，这些都是不合法的。尝试运行下面的程序段，看看会出现什么问题？
>
> ```
>     int y[3][2];
> for(i=0;i<3;i++)
>   for(j=0;j<2;j++)
>    scanf("%d",&y[i][j]);
> for(i=1;i<4;i++)
>   for(j=0;j<2;j++)
>    printf("%d",y[i-1,j]);
> ```
>
> ② 在使用数组元素时，特别注意下标值应在已定义的数组大小范围内，请想一想下面的使用会出错吗？
>
> ```
>     int a[4][3];
>     a[4][3]=20;
> ```

2．二维数组元素引用案例

【案例 6.6】 输入一个 3 行 4 列的整型二维数组，然后以矩阵的方式输出。

案例分析:

因为要求以矩阵的方式输出, 即意味着输出一行, 换行后输出下一行。特别注意数组要先定义后使用。同时由于没给元素值, 因此必须通过 scanf 函数实现输入。

具体程序如下:

```
#include "stdio.h"
main( )
{
 int a[3][4],i,j;
 for(i=0;i<3;i++)
  for(j=0;j<4;j++)
   scanf("%d",&a[i][j]);
 for(i=0;i<3;i++)
  {
for(j=0;j<4;j++)
    printf("%5d",a[i][j]);
   printf("\n");
  }
}
```

程序运行结果:

输入数据:

1 2 3 4 5 6 7 8 9 10 11 12

输出结果:

```
1    2    3
4    5    6
7    8    9
10   11   12
```

6.2.3　二维数组的初始化

二维数组的初始化和一维数组初始化的方法基本相同, 即在定义数组时给出元素的初值。

二维数组初始化的方法如下。

(1) 分行给二维数组所有元素赋初值

```
int a[2][3]={{1,2,3},{4,5,6}};
```

(2) 不分行给二维数组所有元素赋初值

```
int a[2][3]={1,2,3,4,5,6};
```

(3) 每行所赋初值个数与数组元素的个数不同

```
int a[2][3]={{1,2},{4,0,7}};
```

系统将自动给每行没赋初值的元素赋初值 0。

（4）所赋初值行数少于数组行数

```
int a[3][4]={{ },{4,0}};
```

系统将自动给没赋初值的元素赋初值 0。

（5）若给所有元素赋初值，行长度可以省略

```
int a[ ][3]={1,2,3,4,5,6,7,8,9};
```

知识的延伸：

使用第（5）种方式赋初值，若读者因粗心导致漏赋初值怎么办？

使用第（5）种方式赋初值，允许给出的初值不是列长度的整数倍。此时，行长度＝初值个数整除列长度后再加 1。比如，下面程序段的运行是合法的。

```
float a[][3]={1,2,3,4,5,6,7};
  for(i=0;i<3;i++)
   for(j=0;j<2;j++)
   printf("%d",a[i][j]);
```

a 数组的行下标值应为 3。

6.2.4　二维数组程序案例

【案例 6.7】　将二维数组 a 的行与列互换并存于 b 数组，如下所示：

$$a:\begin{bmatrix} 1 & 2 & 3 \\ 4 & 5 & 6 \end{bmatrix} \qquad b:\begin{bmatrix} 1 & 4 \\ 2 & 5 \\ 3 & 6 \end{bmatrix}$$

案例分析：

由于二维数组有两个下标，所以对其元素的访问要通过双循环才能完成，外层控制行，内层控制列，在循环体中将 a[i][j] 的值赋给 b[j][i] 即可。

具体程序如下：

```
#include "stdio.h"
main( )
{
 int a[2][3]={1,2,3,4,5,6},b[3][2],i,j;
 for (i=0;i<=1;i++)              /*行控制*/
  {
    for (j=0;j<=2;j++)           /*列控制*/
     {
      printf ("%5d",a[i][j]);  /*输出 a 数组*/
      b[j][i])=a[i][j]);
      }                          /*行列交换*/
    printf ("\n");
   }
```

```
for (i=0;i<=2;i++)              /*b 数组*/
 {
   for (j=0;j<=1;j++)
    printf ("%5d",b[i][j]);   /*输出 b 数组*/
   printf ("\n");
 }
}
```

6.3　字符数组与字符串

数组中的每个元素类型为字符型的数组就称为字符数组。它主要用于存储一串连续的字符。

6.3.1　字符数组的定义

定义方式：

```
char 数组名[常量表达式];                /*定义一维字符数组*/
char 数组名[常量表达式 1] [常量表达式 2];    /*定义二维字符数组*/
```

例如：char s[10],c[4][10];
定义了一个可以存储 10 个字符的一维字符数组 s，以及一个可以存储 4 个字符串，其中每个字符串包含 10 个字符的二维字符数组 c。

> **知识的延伸：**
>
> 为什么要定义字符数组？
>
> C 语言本身并没有设置字符串这种数据类型，字符串的存储完全依赖于字符数组，但字符数组又不等同于字符串变量。
>
> 通常在 C 语言中：
>
> 一维字符数组作为一个字符串变量使用。
>
> 二维字符数组相当于一个字符串数组，每行存放一个字符串。

6.3.2　字符数组的初始化

与普通数组相同，字符数组也可以在定义时赋初值。

下面介绍字符数组的初始化方法。

（1）一维字符数组初始化（逐字符方式）

```
char a[7]={'W','i','n','d','o','w','s'};   /*按存储顺序截取字符*/
char a[ ]={'W','i','n','d','o','w','s'};    /*取长度为 7*/
char a[7]={'H','o','w'};                    /*后边补 4 个空字符\0 */
```

（2）一维字符数组初始化（字符串方式）

```
char ch[ ]="people!";                       /*省掉花括号，但加串结束标志\0*/
```

可以直接用字符串常量给一维字符数组赋初值，系统会自动在最后添加'\0'，不必人为加入。

对于省略下标值的数组，字符串的实际长度如何确定？系统将按字符串中实际的字符个数加上系统自动添加的字符串结束符 '\0' 来定义数组的大小。如上例数组 ch 的实际长度：people!\0 包含 8 个元素，即为 ch[8]。

（3）二维字符数组初始化（逐字符方式）

```
Char ch[3][4]={{'a','b','c','d'},{'e','f'},{'g','h','i'}}   /*每行单独赋，按
                                                    顺序，没有的赋'\0'*/
char ch[3][4]={'a','b','c','d','e','f','g','h'.'i','j','k','l'}; /*按存
                                                  储顺序截取字符*/
char ch[ ][4]={'a','b','c','d','e','f','g','h'.'i','j'};  /*行下标取 3*/
```

（4）二维字符数组初始化（字符串方式）

```
char l[3][7]={"BASIC","Pascal","C"};     /*通过字符串组赋初值*/
char l[ ][7]={"BASIC","Pascal","C"};      /*第一维下标可省，由引号对的个数确定 */
```

知识的延伸：

既然字符数组在 C 语言中当作字符串变量使用，那么能否可以像普通变量一样给字符数组名赋值呢？

当作字符串变量使用的字符数组，不能由赋值语句直接赋字符串常量。因为 C 语言规定数组名代表数组所开辟的一片存储单元的首地址，是一个常量！

所以：char m[20]="student";··················合法

而：
            m="C Program"; ··················不合法

同理：
        char s1[10]="student", s2[10]; ··················合法
            s2=s1;   ··················不合法

6.3.3 字符数组的案例

【案例 6.8】输入 12 个字符，并顺序输出。

案例分析：

利用字符数组实现，根据题目要求，12 个字符要逐个输入，所以采用单字符输入的方式，记得用格式说明%c。

具体程序如下：

```
#include "stdio.h"
main( )
{
  char ch[12];
  int i;
  for (i=0;i<12;i++)
```

```
    scanf("%c",&ch[i]);
  for (i=0;i<12;i++)
    printf("%c",ch[i]);
  }
```

程序运行结果:

若程序运行时输入:

　　How are you!

则输出:

　　How are you!

【案例6.9】　随机输入一个长度不超过 20 的字符串，并按要求输出。

要求：① 输出该字符串。

② 输出第 3 个字符以后的字符。

③ 输出新串"Hello"。

案例分析:

因题目要求输入一个字符串，而字符串的处理在 C 语言中主要利用字符数组来实现，所以要定义一个足够长的字符数组，考虑逐字符输入太麻烦，在此可以使用字符串格式说明%s 实现字符串的输入，从而提高操作效率。而对第②个要求需注意循环起始位置。

具体程序如下:

```
#include "stdio.h"
main ( )
{
  char str[20];
  scanf("%s\n",str);              /*字符数组名代表数组首地址*/
  printf("%s\n",str);
  printf("%s\n",&str[2]);
  printf("%s\n","Hello");
}
```

程序运行结果如下。

若程序运行时输入数据:

　　abcdefghijklm

则输出数据:

　　abcdefghijklm
　　cdefghijklm
　　Hello

思维拓展:

采用%s输入字符串时，一旦遇到空格符将终止接受。对上面程序，若输入 I am a student

看看会出现什么结果？

6.3.4　字符串处理函数

考虑到对字符串处理的需要，C 语言提供了一些用来处理字符串的库函数。在此介绍几个常用的字符串函数。值得注意的是，在使用这些函数时，必须在程序前面用命令行指定包含标准头文件"string.h"。

1．字符串输入函数 gets

功能：由终端输入字符串到字符数组，以换行结束，返回字符数组的首地址。
例如：char ch[10];
　　　gets (ch);

2．字符串输出函数 puts (a);

功能：将以'\0'结束的字符串输出到终端，返回的函数值是字符数组的首地址。
例如：
char str1[15],str2[20]="China\nBeijing";
gets(str1);
puts(str1);
puts(str2);
输入：How are you↙　　　　/*可输入含空格的字符串*/
输出：How are you
　　　China　　　　　　　/*输出 China 后输出'\n'引起换行*/
　　　Beijing

3．字符串连接函数 strcat

格式：strcat（字符数组 1，字符数组 2 ）
功能：连接两个字符数组中的字符串，将串 2 接在串 1 后，结果存放在字符数组 1 中，返回的函数值是字符数组的首地址。要求字符数组 1 空间要足够大。
例如：

```
char str1[30]={"I am a"};
char str2[]={"student"};
printf("%s",strcat(str1,str2));
```

输出：

```
I am a student
```

思维拓展：
① 将串 2 连接到串 1 后，串 1 原来的串结束标记'\0'还在吗？

② 连接后的新串是否还有串结束标记'\0'？

4．字符串复制函数 strcpy

格式：strcpy（字符数组 1，字符数组 2 ）

功能：将字符串 2 复制到字符串 1 的数组中。函数返回字符数组 1 的首地址。

例如：

```
char str1[30];
char str2[]={"Visual C++"};
strcpy(str1,str2);
printf("%s", str1);
```

输出：

```
Visual C++
```

5．字符串比较函数 strcmp

格式：strcmp（字符数组 1，字符数组 2 ）

功能：比较字符串 1 和字符串 2。

结果为：0——两字符串相等，正数——字符串 1 大于字符串 2，负数——字符串 2 大于字符串 1。

比较原则：按 ASCII 码进行比较。

例如：

"abc"与"abc"　　比较……………………………………相等

"abcd"与"abck"　比较……………………………………"abcd"小

"abc"与"ab"　　比较……………………………………"abc"大

【案例 6.10】 字符串连接。

将字符串 str2 连接到串 str1 的后面。根据字符串中'\0'的位置进行字符串连接。

案例分析：

要实现将 str2 接到 str1 的后面，则 str1 的剩余长度要大于 str2 的长度，否则就会出现字符丢失的情况。使用 strcat 函数即可实现。

具体程序如下：

```
#include "stdio.h"

#include "string.h"
main( )
{char str1[80], str2[30];
 int i, j;
 printf ("Enter string 1:");
 gets (str1);
 printf ("Enter string 2:");
 gets (str2);
 printf("Output result:%s\n", strcat(str1,str2));
 }
```

程序运行结果：

```
Enter string 1:Windows
Enter string 2: Visual C++
Output result: Windows Visual C++
```

【案例 6.11】 逆置字符串。

图 6.4 所示为字符串逆置示意图。

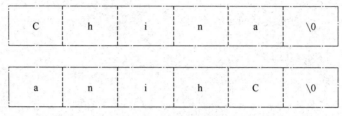

图 6.4　逆置示意图

案例分析：

　　要实现逆置，则在字符串中逐步将没调换过的首尾字符进行对调。如图 6.4 所示，让 0 下标元素与 4 下标元素交换，1 下标与 3 下标元素交换，以此类推。为了能达到交换的目的，必须提供一个中间变量。

　　具体程序如下：

```c
#include "stdio.h"
main( )
{
  char str[80], t;
  int i, j;
   printf ("Enter a string:\n");
   gets (str);
   for (i=0;str[i]!='\0';i++ ) ;      /* 找到串 1 的尾部 */
    i--;
   for ( j=0; j<i; i--, j++ )
    {
         t=str[i];
         str[i]=str[j];
         str[j]=t;
    }
   printf("Output string:%s\n", str);
}
```

6.4　数组程序设计实验指导

1. 实验目的

① 掌握一维数组的定义和使用方法。

② 熟悉二维数组的定义方法。

2. 实验内容

（1）输入并运行以下程序

```
#include <stdio.h>
main()
{  int s[12]={1,2,3,4,4,3,2,1,1,1,2,3},c[5]={1},i;
   for(i=0;i<12;i++) c[s[i]]++;
    for(i=1;i<5;i++) printf("%d",c[i]);
   printf("\n");
}
```

具体要求如下：
① 理解数组的全部初始化和部分初始化。
② 解释 s 数组和 c 数组在此程序中的作用。
③ 说明该程序中的两个 for 语句是否有嵌套关系。
（2）输入并运行下面的程序

```
#define MIN -2147483647
main ( )
{ int i,max,x[10];
  for(i=0;i<10;i++)
   scanf("%d",x+i);
  for(i=0;i<10;i++)
  { max=MIN;
   if(max<x[i]) max=x[i];}
   printf("max=%d",max);
}
```

具体要求如下：
① 该程序的功能是求数组 x 中元素的最大值，但程序中有错误，请找出并改正。
② 说明程序第 5 行中 x+i 的含义。

练习与实战

一、选择题

6.1 设有定义语句"int b[15];"，下列数组元素引用中下标越界的是（　　）。
   A．b[0];　　　　B．b[1];　　　　C．b[14];　　　　D．b[15];
6.2 以下对二维数组 a 的正确说明是（　　）。
   A．int a[3][ ];　　B．int a (3,4);　　C．int a (3)(4);　　D．int a[3][4];

6.3　以下能正确进行字符数组 ch 赋初值的语句组是（　　）。

　　A．char　ch[4]={'s','t','u','d','y'}

　　B．char　ch[ ]={'s','t','u','d','y'};

　　C．char　ch[5]= "study";

　　D．char　ch[5]; ch="study";

6.4　若有说明 "int a[20];"，则对 a 数组元素的正确引用是（　　）。

　　A．a[20]　　　　　　B．a[7.8]　　　　　C．a(15)　　　　　D．a[20-20]

6.5　以下能对二维数组 a 进行正确初始化的语句是（　　）。

　　A．int a[2][ ]={{1, 0, 1}, {5, 2, 3}};

　　B．int a[ ][3]={{1, 2, 3}, {4, 5, 6}};

　　C．int a[2][4]={1, 2, 3}, {4, 5}, {6};

　　D．int a[ ][3]={{1, 0, 1}{ }, {1, 1}};

6.6　下面对 s 的初始化中不正确的是（　　）。

　　A．char s[5]={"abc"} ;　　　　　　　　B．char　s[5]={'a','b','c'};

　　C．char　s[5]= "";　　　　　　　　　　D．char　s[5]="abcde";

6.7　若定义了 int b [ ] [3] = {1，2, 3, 4, 5, 6, 7} ;，则 b 数组第一维的长度是（　　）。

　　A．2　　　　　　　　B．3　　　　　　　　C．4　　　　　　　　D．无确定值

6.8　如果有初始化语句 "char c[]="a gril";"，则数组的长度自动定义为（　　）。

　　A．5　　　　　　　　B．8　　　　　　　　C．6　　　　　　　　D．7

6.9　以下能正确定义数组并正确赋初值的语句是（　　）。

　　A．int N=5,b[N][N];　　　　　　　　　B．int a[1][2]={{1},{3}};

　　C．int c[2][]={{1,2},{3,4}};　　　　　　D．int d[3][2]={{1,2},{3,4}};

二、上机实战

6.10　创建一个有 10 个字符的字符数组，并逆序输出其内容。

6.11　编写一个程序，检查整型二维数组 a[3][3]是否对称（其中 a[5][5]的值在程序中随机输入）。

6.12　利用数组编程实现求全班一次考试成绩各分数段的成绩，并分别输出。（注意：①全班人数低于 80 人；②分数段分为 5 段，分别是：低于 60 分；60～70 分；70～80 分；80～90 分；90～100 分）

6.13　利用筛选法求 100 以内的所有素数。

［提示：① 设置一个有 100 个元素的整型数组，将 2～99 的数依次存入该数组下标为 2～99 的元素中，让 0、1 下标元素空置。

　　　　② 让 2 下标元素的值 2 去除后面的元素，若被整除，令那个元素值为 0。

　　　　③ 继续往后搜索下一个非 0 的数组元素，让其去除后面的元素，若被整除，令那个元素值为 0。

　　　　……]

第 7 章 指　　针

通过前面的学习我们知道，变量要先定义后使用。定义变量的目的就是让系统在内存为它分配存储空间，从而使得变量在内存有了一个唯一的地址，对变量的访问实际上就是对变量所分配存储空间内容的访问。于是我们可以采用另一种方法来访问变量的内容，即不通过变量名，而是通过变量的地址进行访问，这种采用地址访问的方式即为指针访问方式。

指针是 C 语言中一类非常重要的数据类型，也是 C 语言的特色之一。正确采用指针访问方式可以有效地进行动态分配内存；灵活而方便地处理复杂数据结构。要学好 C 语言，必须对指针进行深入学习并掌握。但是由于指针访问方式就是地址访问方式，所以一旦因为粗心将地址搞错，那么这种访问方式就会产生错误，所以初学者在学习和使用指针访问方式时一定要细心、慎重。

7.1　指针和指针变量

7.1.1　指针的概念及指针变量

1. 指针

（1）内存中存储单元及存储单元地址

随着计算机硬件技术的发展，计算机内存空间也越来越大，不论内存空间大小如何，计算机系统都将内存空间以字节为单位分割成一系列的存储单元，并按顺序为每个单元进行编号，于是每个单元都有唯一一个与其他存储单元不同的编号，这个编号即为存储单元在内存的地址。

（2）变量在内存中的地址

如果在程序中定义了一个变量，在编译时系统就会为该变量根据其类型分配一个大小合适的存储单元。比如，在 Turbo C 中：

int　x=3;·······································2 个字节；

float y=3.4; ····································4 个字节；

int a[5]={1,2,3,4,5};·························2×5=10 个字节。

它们在内存中所占用的存储单元如图 7.1 所示。（为简便起见，假设它们的存储空间是连续分配的，并且起始地址为 1000。）

由于变量在内存中所占存储空间大小不一，为了便于对变量地址进行访问，将变量所占存储单元第一个字节的地址称为变量的地址。那么 x 的地址就是 1000；y 的地址为 1002；a[0]的地址为 1006；a[1]的地址为 1008；a[2]的地址为 1010；a[3]的地址为 1012；a[4]的地址为 1014。

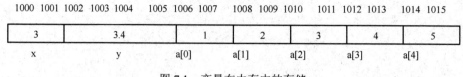

图 7.1　变量在内存中的存储

（3）变量在内存中的地址、存储单元与变量值的区别

在上例中，我们定义了两个简单变量：整型变量 x 和单精度浮点型变量 y。系统分配了 2 个字节 1000 和 1001 给变量 x，x 的地址为 1000，x 的存储单元就是 1000 和 1001 这两个字节的空间；分配 1002、1003、1004 和 1005 这 4 个字节给 y，y 的地址为 1002，y 的存储单元就是从 1002 到 1005 这 4 个字节的空间。程序通过初始化（或赋值）将 3 赋给 x，将 3.4 给 y。此时 x 的值为 3，y 的值为 3.4。

显然，变量地址、变量的存储单元和变量的值是不同的。变量地址相当于仓库的编号，变量的存储单元相当于仓库，而变量的值相当于仓库中存放的物资。

（4）C 语言给变量赋值及输入/输出操作方式

在 C 语言中，变量一旦定义，在内存就没有这些变量名称了，对变量的存取都是通过地址进行的。比如，在上例中，如果程序接下来开始给变量 x 赋值 10，即 x=10;，实质上是根据变量名与其地址的对应关系，找到 x 的地址 1000，然后将 10 送到地址 1000 开始的 2 个字节的存储单元中。输出如果用 printf("%f",y)，在执行时同样根据变量名与地址的对应关系，找到变量 y 的地址 1002，然后从 1002 开始的 4 个字节中取出数据（即变量的值 3.4），将它输出。

正是由于 C 语言的这种直接按变量地址访问变量值的方式，使得指针这种数据类型得到广泛使用。我们将变量的地址称为"指针"。

2．指针变量

虽说变量的地址是用一个整数表示的，比如，上例中 x 的地址 1000，y 的地址 1002。但由于其取值范围可能不同于整数的范围，所以一定不能用普通整型变量存储地址，但是可以用特殊的指针变量存储地址。如果用指针变量 p 存储变量 x 的地址，就称 p"指向"x，如图 7.2 所示。即指针就是地址，而指针变量就是专门存放地址的变量。

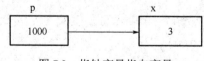

图 7.2　指针变量指向变量

7.1.2　指针变量的定义

1．指针变量的定义

指针变量在使用前必须先定义。

指针变量的定义方式：

> 基类型 ∗指针变量名表；

例如：int *p,*q;

说明：

① 定义指针变量时，每个指针变量名前面必须有"∗"号。

② 指针变量名的命名规则必须遵循 C 语言用户标识符的命名规则。

③ 定义指针变量时的"基类型"可以选取任何 C 语言所支持的数据类型，但这个数据类型不是指针变量的数据类型，而是它所要指向的变量或数据的数据类型。一旦定义好后，该指针只能用来指向这种数据类型的变量或数组。

④ 指针变量可以单独定义，也可以与普通变量同时定义。

2. 指针变量的定义案例

【**案例 7.1**】　观察下列变量的定义，说明其含义。

```
int *p;
float y=3.4,*p1;
char *q1,*q2;
```

观察结果：

int *p;·················定义了一个指向整型数据的指针变量 p。

float y=3.4,*p1;·············定义了一个单精度浮点变量 y 和指向单精度浮点数据的指针变量 p1。

char *q1,*q2;··············定义了两个指向字符型数据的指针变量 q1 和 q2。

思维拓展：

下面变量定义的本意是想定义指向整型数据的指针变量 p 和 q，该定义是否正确？

```
int *p,q;
```

7.1.3　指针变量的引用

1. 利用运算符实现引用

为了使用指针，C 语言提供了一对特殊的运算符：&（取地址运算符）和∗（取值运算符）。

（1）取地址运算符&

这个运算符在使用 scanf 函数时已经频繁地使用过了：

```
int a;
scanf("%d",&a);
```

其含义是：以格式说明"%d"将输入的数据以整型数据的格式存储到整型变量 a 的存储单元中。

在指针运算中，取地址运算符可用来将变量的地址赋给指针变量。

例如：

char ch1='b';

int n=10,m=100;

float x=1.25;

char *p1;·······························定义指向字符型数据的指针变量 p1

int *p2,*p3;·························定义指向整型数据的指针变量 p2 和 p3

float *q;·····························定义指向单精度浮点型数据的指针变量 q

p1=&ch1;···························将字符变量 ch1 的地址赋给指针变量 p1

p2=&n;·······························将整型变量 n 的地址赋给指针变量 p2

p3=&m;······························将整型变量 m 的地址赋给指针变量 p3

q=&x;·······························将单精度浮点变量 x 的地址赋给指针变量 q

显然，取地址运算符&作用在普通变量上，其含义就是取变量的地址。

（2）取值运算符*

一旦指针变量指向了对象，就可以使用*运算符访问存储在对象中的内容了。

例如：（接（1）中的例如）

```
*p1='D';                /*相当于 ch1='D'*/
*q=25.8;                /*相当于 x=25.8*/
m=*p2+*p3;              /*相当于 m=n+m*/
```

上述语句执行后，ch1 中的值变为 D，x 的值变为 25.8，m 的值变为 110。

显然，取值运算符*作用在指针变量上，其含义就是取指针变量所指向的存储单元内的值，若指针变量指向某一普通变量，则即为取指针变量所指向的变量的值。

&与*与运算符在指针运算中的含义如图 7.3 所示。

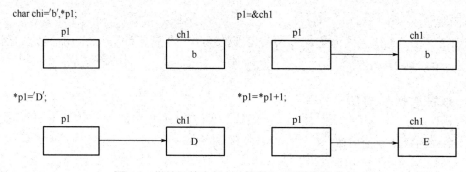

图 7.3　指针运算中的&运算符与*运算符的含义

2．直接使用指针变量

当指针变量已经定义并且有值后，可以直接引用该指针变量实现给另一指针变量赋值。

例如：

```
int a=3,*p=&a,*p1;
p1=p;                  /*直接赋值*/
```

思维拓展：

"&" 和 "*" 的优先级相同，结合性都是自右向左结合。在混合使用运算符时，要注意分清它们的运算对象和运算时的结合性。

设数据定义语句：float a=5,*pa=&a;

则：*&a、&*a、*&pa、&*pa 这些表达式正确吗？分别代表什么？

3. 指针变量引用案例

【案例7.2】 阅读以下程序，进一步认识指针变量与其所指变量的关系。

```c
#include "stdio.h"
main( )
{
  char ch='a';
  int a=123;
  float x=5.45;
  char *pc;
  int *pa;
  float *px;
  pc=&ch;
  pa=&a;
  px=&x;
  printf("   指针与变量的关系   \n");
  printf("变量的初始值及地址：\n");
  printf("字符型变量 ch 的值为%c，其在内存中的地址为 ox%x\n",ch,pc);
  printf("整型变量 a 的值为%d，其在内存中的地址为 ox%x\n",a,pa);
  printf("单精度浮点型变量 x 的值为%f，其在内存中的地址为 ox%x\n",x,px);
  ch='x';
  a=1;
  x=3.14;
  printf("   变量改变后指针的值及指针所指向的存储单元的值：   \n");
  printf("指针变量 pc 的值为 ox%x，其所指向的存储单元的值为%c\n",pc,ch);
  printf("指针变量 pa 的值为 ox%x，其所指向的存储单元的值为%d\n",pa,a);
  printf("指针变量 px 的值为 ox%x，其所指向的存储单元的值为%f\n",px,x);
  *pc='A';
  *pa=1000;
  *px=7.8;
  printf("   指针所指地址内容改变后：   \n");
  printf("字符变量 ch 的值为%c\n",ch);
  printf("整型变量 a 的值为%d\n",a);
  printf("单精度浮点型变量 x 的值为%f\n",x);
}
```

程序运行结果如图 7.4 所示。

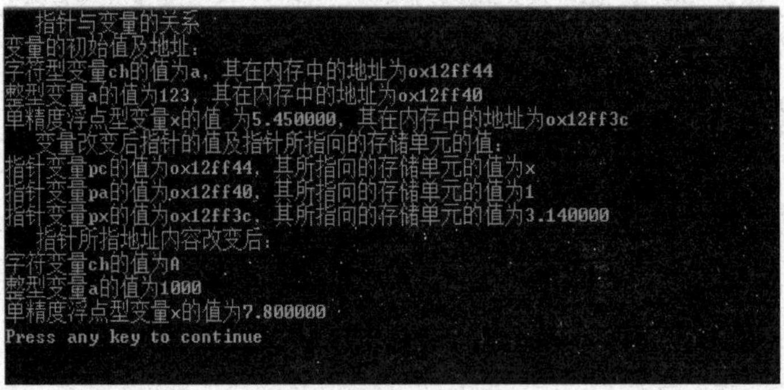

图 7.4 指针与变量的关系

结果分析：

从图 7.4 中可以看到，当指针所指地址的内容改变后，变量的内容也发生了改变，反之亦然。这充分说明指针所指地址的内容实质上就是变量的内容。因此对变量的访问可以通过变量名直接操作（称为"直接访问"），也可以通过指针实现访问操作（称为"间接访问"）。

【案例 7.3】 用指针指向两个变量，通过指针运算选出值小的数。

案例分析：

根据题意需要两个变量存储从键盘输入的值，在此定义 x 和 y，并将它们定义成 float。题目要求利用指针完成，所以需定义两个指向 float 类型的指针变量，在此用 px 和 py。为了选出最小值，在此用 min 存储最小值。

具体程序如下：

```
#include "stdio.h"
main( )
{
float x,y,min,*px,*py;
 px=&x; py=&y;
 scanf("%f%f",px,py);    /*将输入的值依次放入px,py所指的存储单元中,即变量x,y中*/
 printf("x=%f y=%f\n",x,y);      /*输出 x, y 的值*/
  min=*px;                       /*假设 x 的值最小*/
 if(*px>*py) min=*py;           /*若 y 的值比 x 小，将其赋给 min */
 printf("min=%f\n",min);        /*输出小值 */
 }
```

程序运行结果：

```
23.8 12↙
x=23.800000 y=12.000000
min=12.000000
```

知识的延伸：
指针变量引用时要注意的是什么？

指针变量不同于普通变量。由于其值为存储单元的地址，一旦操作不当，将导致崩溃性的错误。因此对指针变量的使用要极其注意，主要体现在以下 3 方面。

① 在对指针变量访问之前，一定要先对其赋初值，明确其具体指向的存储单元，否则将发生不可预料的错误。

例如：

int *p;

*p=1000;

由于不知道指针变量 p 具体指着谁，就直接往其指向的存储单元赋值，必将导致程序出错。如果指针变量 p 指向影响系统运行的重要数据区，将可能直接导致系统崩溃。

② 若暂时不需要指针变量，则需将其赋 NULL 值，即让其指向空。

③ 指针变量的值一定且必须是地址值，绝不允许用非法地址表达式给指针变量赋值。

例如：

int a=5,*p;·············定义整型变量 a 和指向整型数据的指针变量 p

p=a+100; ·············非法使用整型表达式给指针变量赋值。错误！

p=1000; ·············非法使用整型常量给指针变量赋值。错误！

7.2 指针与数组

7.2.1 指针与数组元素的关系

我们已经知道"指针"即为变量所占存储单元的地址，而数组元素是构成数组的基本成分，一旦一个数组定义好后，其数组元素也就自然而然地存在，并且在内存占据相应的存储单元。对数组元素的使用与对普通简单变量的使用是一样的，因此当然也可以用指针变量去指向数组元素。于是对数组元素的访问除了第 6 章介绍的通过数组名及下标的这种"下标访问"的直接访问方式之外，也可以利用指针实现间接访问。

例如：

int a[5]= {1, 2, 3, 4, 5}, x;

int *p;

p=&a[4];

x=a[2]; ·············通过下标访问方式将数组元素 a[2]值赋给 x，x=3

*p=10; ·············通过指针变量间接访问数组元素 a[4]，使得 a[4]=10

【案例 7.4】 分析程序的运行过程和结果。

```
#include "stdio.h"
main ( )
{
    int a[ ]={1, 2, 3, 4, 5};
    int x,y, *p,*q;
    p=&a[0];
```

```
            q=&a[3];
            x=*p;
            y=*p+*q;
            *p=x+1;
            *q=*p*y;
            printf ("x=%d, y=%d,*p=%d, *q=%d,a[0]=%d,a[3]=%d\n", x, y,*p, *q,a[0],
                    a[3]);
        }
```

程序运行结果：

```
    x=1,y=5,*p=2,*q=10,a[0]=2,a[3]=10
```

程序分析：

① 语句"p=&a[0];"表示将数组 a 中元素 a[0]的地址赋给指针变量 p，则 p 就是指向数组首元素 a[0]的指针变量，&a[0]是取数组首元素的地址。语句"q=&a[3];"表示将数组 a 中元素 a[3]的地址赋给指针变量 q，则 q 就是指向数组元素 a[3]的指针变量。

② *p 代表 a[0]，*q 代表 a[3]，所以对*p 赋值就是对 a[0]赋值，对*q 赋值就是对 a[3]赋值。

7.2.2　指针运算

由于指针代表着内存单元的一个地址，那么是否可以对指针做加、减运算而得到另外一个存储单元的地址呢？答案是肯定的。在 C 语言中，指针除了可以对其引用地址的内容做运算外，其本身也可以做运算。指针运算通常都是针对数组而言的，有了指针运算后，对数组元素的指针访问方式将大大优于数组的下标访问方式。指针运算只有 3 种，分别是：指针与正整数的加减运算、两个指针的关系运算，以及两个指针的减法运算。

在指针进行运算之前，必须先将指针指向一个数组，当指针指向数组时，才能进行指针运算。

1. 指针与正整数的加减运算

当指针 p 指向数组中的元素时，n 为一个正整数：

p+n：…………指针 p 所指向当前元素之后的第 n 个元素。

p-n：…………指针 p 所指向当前元素之前的第 n 个元素。

p++：…………指针加 1，指向数组中的下一个元素。

p--：…………指针减 1，指向数组中的前一个元素。

指针与整数进行加减运算后，它们的相对关系如图 7.5 所示。

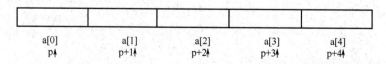

图 7.5　指针与整数运算的相对关系示意图

说明：

① 在对指针进行加、减运算时，数字"1"不是代表十进制整数"1"，而是指 1 个存储单元长度。至于 1 个长度占多少字节的存储空间，则视指针的基类型而定。如果基类型是 int，位移 1 个存储单元的长度在 Turbo C 就是位移 2 个字节（在 VC++中就是 4 个字节）；如果基类型是 char，则位移 1 个存储单元长度就是位移 1 个字节；若基类型是 double 型，则位移 1 个存储单元长度就是位移 1 个字节；以此类推。与数组结合时，增 1 表示指针向地址值大（高地址）的方向移动一个存储单元，减 1 表示向地址值小（低地址）的方向移动一个存储单元。因此当我们在程序中移动指针时，无论指针的基类型是什么，只需简单地加、减一个整数而不必去管它移动的具体长度，系统将会根据指针的基类型自动地确定位移的字节数。

② 当移动指针时，基类型为 int 的指针只能指向 int 型的数组，不能指向其他类型的数组。因为不同类型的数组元素其位移的字节数不同。

③ 由于数组名代表着数组的首地址，所以让指针变量指向数组意味着将数组名的值赋给指针变量。例如，int a[5],*p;p=a;即是将 a 数组的首地址赋给指针变量 p。

【案例 7.5】 观察以下程序的运行结果。

```c
#include<stdio.h>
main( )
{
  int a[ ] = {1, 2, 3, 4, 5, 6};
  int *p,x;
  p = a;
  printf("%d", *p);
  printf(" %d\n", *(++p));
  printf("%d", *++p);
  printf(" %d\n", *(p--));
  p+= 3;
  x=*p;
  printf("%d %d\n", x, *(a+3));
}
```

程序运行结果：

```
1 2
3 3
5 4
```

结果分析：

（1）p=a;表示将数组 a 的首地址赋给指针变量 p，它等价于"p=&a[0];"。

（2）*(++p)，表示先将 p 指针移去指向下一个数组元素，然后取该元素的值。

（3）*(p—)，表示先取 p 所指的数组元素的值，然后将 p 指针移去指向下一个数组元素。

（4）p+=3，表示让 p 指针移去指向 p 当前所元素之后的第 3 个元素。

（5）*(a+3)，表示 a 数组中首元素之后的第三个元素，即 a[3]。

思维拓展：

① 对数组元素的访问，下标方式和指针方式是等价的，但从C语言系统内部处理机制上讲，指针方式效率高。对于指向数组的指针变量，进行运算以后，指针变量的值改变了，那它将指向的是哪一个数组元素？同样也存在越界问题。对上面程序，若 x=*(a+6)，看看会出现什么结果？

② 运算符*与++（或——）的优先级相同，结合性都是自右向左结合，但++（或——）运算要考虑运算对象的时效性。对上面程序 printf(" %d\n", *(++p));等价于 printf("%d\n", *++p);是先使指针 p 自增加 1，再取指针 p 值做"*"运算。而 printf(" %d\n", *(p——));是先取指针 p 值做"*"运算，再使指针 p 自减 1。若为 printf(" %d\n", *——p);，则看看会出现什么结果？

2. 两个指针的关系运算

只有当两个指针指向同一个数组中的元素时，才能进行关系运算。

当指针 p 和指针 q 指向同一数组中的元素时，则：

① p<q　当 p 所指的元素在 q 所指的元素之前时，表达式的值为 1；反之为 0。

② p>q　当 p 所指的元素在 q 所指的元素之后时，表达式的值为 1；反之为 0。

③ p==q　当 p 和 q 指向同一元素时，表达式的值为 1；反之为 0。

④ p! =q　当 p 和 q 不指向同一元素时，表达式的值为 1；反之为 0。

任何指针 p 与 NULL 进行"p==NULL"或"p!=NULL"运算均有意义，"p==NULL"的含义是当指针 p 为空时成立，"p!=NULL"的含义是当 p 不为空时成立。

不允许两个指向不同数组的指针进行比较，因为这样的判断没有任何实际意义。

【案例 7.6】 编写程序，利用指针实现将一个字符串逆置。

案例分析：

由于 C 语言中的字符串都是采用字符数组实现的，所以该程序要定义一个字符数组，为了简化问题，将数组长度定义为 80 即可。由于要求采用指针的访问方式，而且要逆置字符数组中的字符值，所以应定义两个指针变量 p 和 q，通过循环结构首先找到字符数组的串结束位置，将倒数第一个字符和第一个字符进行交换，然后将倒数第二个字符与第二个字符进行交换，……，以此类推，直到逆置完成。在交换时应定义一个中间变量。

具体程序如下：

```c
#include <stdio.h>
main( )
{
    char str[80], *p, *s, c;
    printf("Enter string:");
    gets(str);
    p=s=str;            /* 指针p和s指向str */
    while (*p)
      p++;              /* 找到串结束标记'\0' */
    p--;                /* 让p指向倒数第一个字符*/
    while ( s<p )       /* 开始逆置 */
```

```
      {
        c = *s;            /* 将 s 所指的元素值赋给 c */
        *s++ = *p;         /* 将 p 所指的元素值赋给 s 所指的元素,并让 s 指针向后移一位 */
        *p-- = c;          /* 将 c 的值赋给 p 所指的数组元素, 然后 p 指针向前移一位 */
      }
      puts(str);
  }
```

程序运行结果:

```
Enter string:abcabcabc
cbacbacba
```

3. 两个指针的减法运算

只有当两个指针指向同一数组中的元素时, 才能进行两个指针的减法运算, 否则没有意义。

当两个指针指向同一数组中的元素时, p-q 表示指针 p 和 q 所指对象之间的元素数量。利用这一意义, 可以求出一个字符串的长度。

【案例 7.7】 编写程序求字符串的长度。

```
      #include "stdio.h"
      main( )
      {
        char str[80], *p=str;
        printf("Enter string:");
        gets(str);
        while ( *p )
        p++;                                    /* 找到串结束标记'\0' */
        printf("\nString length=%d\n", p-str ); /*求出串长 */
      }
```

程序运行结果:

```
Enter string:abcabcabc
string length=9
```

7.2.3 指针与数组

通过上面的学习我们知道, 利用指针可以对数组进行访问。指针在数组中分为两类: 一类用于表示数组元素的地址, 称为数组元素的指针; 另一类用于表示数组的地址, 称为数组的指针。

1. 数组元素的指针

数组元素的指针常常应用于具体元素值的运算中, 它的使用将会提高对数组元素的访问效率。

由于数组名代表着数组的首地址，所以数组名也可以理解为一个指针。不过数组名只是一个指针常量，其值不能改变。但可以用数组名将数组的首地址赋给指向数组元素的指针变量（仅限于一维数组）。正因为如此，如果将数组 a 的 0 下标元素地址赋给指针变量 p，则*(p+n)等价于 a[n]；如果将 k 下标的地址赋给指针变量 p，则*(p+n)等价于 a[k+n]。

【案例 7.8】 观察以下程序的运行结果。

```
#include "stdio.h"
main( )
{
     int t[ ] = {1, 2, 3, 4, 5, 6};
     int *p1,*p2;
     int a,b,i;
     p1=t;
     p2=t;
     printf("   指针变量与数组元素      \n");
     printf("数组 t 的首地址%d，指针变量 p1%d，指针变量 p2%d\n",t,p1,p2);
     printf("*p1=%d, t[0]=%d, *p2=%d\n",*p1,t[0],*p2);
     a=*p1+1;
     b=*(p1+1);
     printf("*p1+1=%d,*(p1+1)=%d\n",a,b);
     for(i=1;i<6;i++)
      printf("*(p1+%d)=%d, t[%d]=%d\n",i,*(p1+i),i,t[i]);
     p2=p1+5;
     for(i=1;i<6;i++)
      printf("p1=%d, *(p1+%d)=%d,p2=%d,p2-p1=%d\n",p1,i,*(p1+i),p2,p2-p1);
   }
```

程序的运行结果如图 7.6 所示：

```
   指针变量与数组元素
数组t的首地址1244976，指针变量p11244976，指针变量p21244976
*p1=1, t[0]=1, *p2=1
*p1+1=2,*(p1+1)=2
*(p1+1)=2, t[1]=2
*(p1+2)=3, t[2]=3
*(p1+3)=4, t[3]=4
*(p1+4)=5, t[4]=5
*(p1+5)=6, t[5]=6
p1=1244976, *(p1+1)=2,p2=1244996,p2-p1=5
p1=1244976, *(p1+2)=3,p2=1244996,p2-p1=5
p1=1244976, *(p1+3)=4,p2=1244996,p2-p1=5
p1=1244976, *(p1+4)=5,p2=1244996,p2-p1=5
p1=1244976, *(p1+5)=6,p2=1244996,p2-p1=5
Press any key to continue
```

图 7.6　指针变量与数组元素

2．数组的指针

指针既然可以指向一维数组元素，当然也可以指向多维数组元素。为了简化起见，在此我们只探讨二维数组，但是所有的应用都可以运用到多维数组中。

假设有二维数组定义如下：

```
int a[3][3], *p;
```

由于 C 语言的数组存储是以行序为主序的，所以该数组的存储风格如图 7.7 所示。

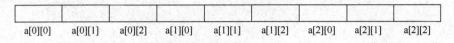

| a[0][0] | a[0][1] | a[0][2] | a[1][0] | a[1][1] | a[1][2] | a[2][0] | a[2][1] | a[2][2] |

图 7.7　二维数组元素存储示意图

为了更好地说明问题，我们将其平面化，如图 7.8 所示。

a[0][0]	a[0][1]	a[0][2]
a[1][0]	a[1][1]	a[1][2]
a[2][0]	a[2][1]	a[2][2]

图 7.8　二维数组元素存储示意图

显然，我们可以将二维数组 a 视为一维数组，它有 3 个元素：a[0]，a[1]，a[2]。而每个元素又是一个一维数组。

a[0]的元素为：a[0][0]，a[0][1]，a[0][2]

a[1]的元素为：a[1][0]，a[1][1]，a[1][2]

a[2]的元素为：a[2][0]，a[2][1]，a[2][2]

此时若想对二维数组中的每个元素进行访问，则定义数组元素指针，利用双循环展开即可。但是如果只想在二维数组的某一行内（比如第 i 行）处理元素，利用指针变量该怎么办呢？传统的做法是：p=&a[i][0];，即获得一维数组 a[i]的 0 下标元素，按照数组的定义，a[i]是其数组名，它代表着这个一维数组的首地址，所以可以简化为：p=a[i];，由数组下标与指针运算相互关联式，可以得知：a[i]等价于*(a+i)，所以&a[i][0]等价于&(*(a[i]+0))，即等价于&*a[i]，也就是 a[i]，即二维数组 a 的一维化表示得到的 3 个元素都是地址，a[0]+1 的值就是 a[1]，a[1]+1 的值就是 a[2]，所以 a[i]是数组 a 的指向第 i 行的指针，即数组指针，那么定义一个存储数组指针的变量即为数组的指针变量。如果要使用这种指针变量，也必须先定义，其定义形式为：

基类型 (*指针变量名)[常量表达式];

其中，基类型为数组元素的数据类型；常量表达式指明所指向数组的元素个数。

下面通过一个实例来说明二维数组与指针之间的关系。

【案例 7.9】 观察以下程序的运行结果。

```
#include "stdio.h"
main( )
{
    int a[2][3]={1,3,5,7,9,11};
  int *p;(*q)[3];
```

```
        int i,j,n=0;
        p=a;
        q=a;
        printf("      二维数组、元素指针与数组指针      \n");
        printf("a=%d,a[0]=%d\n",a,a[0]);
        printf("&a[0][0]=%d,p=%d,q=%d\n",&a[0][0],p,q);

printf("&a[1][0]=%d,a[1]=%d,a+1=%d,q+1=%d\n",&a[1][0],a[1],a+1,q+1);
        printf("&a[0][1]=%d,a[0]+1=%d,p+1=%d\n",&a[0][1],a[0]+1,p+1);
        for(i=0,j=0;j<3;j++)
          {
           printf("a[%d][%d]=%d,*(p+%d)=%d\n",i,j,*(*(q+i)+j),j,*(p+j));
          }
        printf("\n");
    }
```

程序的运行结果如图 7.9 所示。

图 7.9　二维数组、元素指针与数组指针

7.2.4　指针与字符串

由于在 C 语言中字符串通常是利用字符数组表示的，所以前面我们利用指向字符数组元素的指针来实现对字符串的访问操作。而实际上字符串的访问还可以只通过字符指针完成，具体方法如下。

1. 通过赋初值的方式使指针指向一个字符串

在定义字符指针变量的同时，将存放字符串的存储单元的起始地址赋给指针变量。例如：

```
    char *p="Hello";
```

这里把存放字符串常量的无名存储区的首地址赋给指针变量 p，使 p 指向字符串的第一字符 H。注意：不是将字符串赋给了 p。

2. 通过赋值运算符将某个字符串的起始地址赋给一个指针变量

如果已经定义了一个字符型指针变量，则可以通过赋值运算符将某个字符串的起始地址赋给它，使其指向一个具体的字符串。例如：

```
char *p;
p="I am a student";
```

【案例 7.10】 观察以下程序的运行结果。

```
#include "stdio.h"
main( )
{
  char *p="China Beijing";
  int n=0;
  while(*(p+n)!='\0')n++;
  printf("%d\n",n);
}
```

程序运行结果：

```
China Beijing
13
```

> **思维拓展：**
> 字符型指针可指向一个字符串，也可指向一个字符型数组。可将字符串赋给指针变量，也可将字符型数组名赋给字符型指针变量，但不能将字符串赋给一个字符数组名。因为字符数组名是地址常量。看看以下程序段会出现什么结果？
> ```
> char s[10],*p1,*p2="1234";
> p1=p2;
> p2="ab";
> printf("%s\n",p2);
> printf("%s\n",p1);
> s="abcdef";
> p1=s;
> printf("%s\n",p1);
> ```

7.3 指 针 数 组

如果某个数组的元素是指针类型，这样的数组称为指针数组。指针数组的每个元素都相当于一个指针变量，只能存放地址值。

7.3.1 指针数组的定义

指针数组的定义和一般数组的定义方法基本相同。需要注意的是指针数组是指针类型的，定义时必须在数组名前面加"*"。

定义方式：

基类型 *指针数组名[长度]，…

例如：`int *p[4];`
　　　　`float x=1.0,*q[10];`

说明：

① 指针数组名是标识符，前面必须有"*"号。

② 定义指针数组时"基类型"指的是它将要指向的数据的数据类型。

7.3.2　指针数组元素的使用

指针数组元素的表示方法和普通数组元素的表示方法完全相同，即"指针数组名[下标]"，其中的"下标"应是整型表达式。

指针数组元素的使用和指针变量的使用完全相同，可以对其赋地址值，可以利用它来引用所指向的变量或数组元素，也可以参加运算。常用方式如下。

（1）对其赋值

　　　　指针数组名[下标]=地址表达式

（2）引用所指的变量或数组元素

　　　　*指针数组名[下标]

（3）参加运算（算术运算）

　　　　指针数组名[下标]+整数
　　　　指针数组名[下标]–整数
　　　　++指针数组名[下标]
　　　　指针数组名[下标]++
　　　　--指针数组名[下标]
　　　　指针数组名[下标]--

【**案例 7.11**】　输入 3 个字符串存入二维字符串数组，然后输出这 3 个字符串的长度。要求用指针数组来处理存放在二维数组中的 3 个字符串。

案例分析：

定义 3 行的字符型二维数组和长度为 3 的字符型指针数组，使其 3 个元素分别指向二维数组中的 3 个一维数组。利用指针数组元素输入 3 个字符串存入二维数组中，然后利用指针数组元素依次输出这 3 个字符串长度。

具体程序如下：

```
#include "stdio.h"
#include"string.h"
main( )
{
 char s[3][20],*p[3];
  int i;
  for(i=0;i<3;i++)
    p[i]=s[i];              /*将 s 数组第 i 行元素的首地址赋给指针数组元素 p[i]*/
```

```
    printf("Enter 3 string:\n");
  for(i=0;i<3;i++)
    scanf("%s",p[i]);      /*输入 3 个字符串存入二维数组*/
  for(i=0;i<3;i++)
    printf("%d\n",strlen(p[i]));/*用求串长函数 strlen 求出 3 个字符串的长度*/
}
```

程序运行结果：

```
Enter 3 string:
China
Beijing
People
5
7
6
```

思维拓展：

　　[]也是运算符，一对[]的优先级高于*号，因此定义语句：int *p[2],a[3][2];中 p 首先与[]结合，构成 p[2]，说明 p 是一个数组，在它前面的*号则说明数组 p 是指针类型，即定义了一个指针数组。若定义语句是"int a[3][2],(*p)[2];"，其在说明符(*p)[2]中多了一对圆括号，改变了算符的优先级，想想看它表示什么？

7.4　指针程序设计实验指导

1. 实验目的

① 掌握指针的概念。
② 掌握指针的运算规律。
③ 熟悉指针程序的编程方式。

2. 实验内容

（1）输入并运行以下程序

```
#include <stdio.h>
main()
{
  int a,b,k;
  int *pa=&a,*pb=&b;
  scanf("%d%d",pa,pb);
  k=*pa-*pb;
```

```
    printf("%d-%d=%d",a,b,k);
    }
```

具体要求如下：

① 理解指针变量的赋初值。

② 解释 pa、pb 在程序中的作用。

③ 说明*pa 和*pb 的含义。

（2）编写函数，实现两个整数值的互换

具体要求如下：

① 编写函数 swap 实现互换。

② swap 函数中的两个参数必须是指针变量。

③ 通过主函数 main 调用 swap 函数。

（3）将整型数组 a 逆置

具体要求如下：

① 定义数组长度为 10，用符号常量 N 表示。

② 用 for 循环语句实现数组数据元素的输入。

③ 用 for 循环语句并结合指针变量实现数组元素的逆置。

练习与实战

一、选择题

7.1　以下能正确进行字符串赋值、赋初值的语句组是（　　　）。

　　A．char　ch[5]={'H','e','l','l','o'};

　　B．char　*ch;　　ch="Hello";

　　C．char　ch[5]="Hello";

　　D．char　ch[5];　　ch="Hello";

7.2　若有定义"int　x, *p;"，则以下正确的赋值表达式是（　　）。

　　A．p=x　　　　　　　B．p=&x　　　　C．*p=&x　　　　　D．*p=*x

7.3　下面程序段的运行结果是（　　）。

```
#include<stdio.h>
void main()
{ char str[]="abc",*p=str;
  printf("%d\n",*(p+3));
}
```

　　A．67　　　　　　　　B．0　　　　　　C．字符'C'的地址　　D．字符'C'

7.4　若有以下定义，则正确引用数组元素的是（　　　）。

```
int a[5],*p=a;
```

A. *&a[5]; B. *a+2; C. *(p+5); D. *(a+2);

7.5 设已有定义 "float x;",则下列对指针变量 p 进行定义且赋初值的语句中正确的是（ ）。

  A. float *p=1024;   B. int *p=(float)x;

  C. float p=&x;   D. float *p=&x;

7.6 设有如下程序段：

```
char s[20]="Beijing",*p;
p=s;
```

则执行 p=s;语句后，以下叙述正确的是（ ）。

  A. 可以用*p 表示 s[0]

  B. s 数组中元素的个数和 p 所指字符串长度相等

  C. s 和 p 都是指针变量

  D. 数组 s 中的内容和指针变量 p 中的内容相同

7.7 若有以下定义 "int a[5],*p=a;",则对 a 数组元素地址的正确引用是（ ）。

  A. p+5   B. *a+1   C. &a+1   D. &a[0]

7.8 设有数据定义语句 "int x[10], *p1=x,*p2=x+5;",下列表达式中错误的是（ ）。

  A. p1++   B. p2−=2   C. p2−p1   D. p1+=p2

7.9 若定义了 "int a,*p;",则下列正确语句是（ ）。

  A. p=&a;   B. p=a;

  C. *p=&a;   D. *p=*a;

7.10 若有定义语句 "int k[2][3],*pk[3];",则下列语句中正确的是（ ）。

  A. pk=k;   B. pk[0]=&k[1][2];

  C. pk=k[0];   D. pk[1]=k;

7.11 若定义了 "char ch [ ] = {″abc\0def″}, *p=ch;",则执行 printf(″%c″,*p+1);语句的输出结果是（ ）。

  A. def   B. b   C. c   D. 0

7.12 若有定义 "char(*p)[6];",则标识符 p（ ）。

  A. 是一个指向字符型变量的指针

  B. 是一个指针数组名

  C. 是一个指针变量，它指向一个含有 6 个字符型元素的一维数组

  D. 定义不合法

7.13 下面与语句 "p[i]" 等价的语句是（ ）。

  A. *p+i   B. (*p)+i   C. *(p+i)   D. (*p+i)

7.14 以下程序的输出结果是（ ）。

```
#include<stdio.h>
main()
{
```

```
int a[5]={2,4,6,8,10},*p;
p=a;p++;
printf("%d",*p);
}
```

    A. 2   B. 4   C. 6   D. 8

7.15   若有如下一些定义和语句：

```
#include <stdio.h>
int a=4,b=3,*p,*q,*w;
p=&a; q=&b; w=q; q=NULL;
```

则以下选项中错误的语句是（   ）。

    A. *q=0;   B. w=p;   C. *p=20;   D. *p=*w;

7.16   在 16 位编译系统上，若有定义 "int a[]={10,20,30},*p=&a;"，当执行 p++;后，下列说法错误的是（   ）。

    A. 向高地址移了一个字节   B. 向高地址移了一个存储单元

    C. 向高地址移了两个字节   D. 与 n+1 等价

7.17   运行下列程序段时，输出语句的输出结果是（   ）。

```
int n[ ]={5,6,7,8,9},*p;
p=n;
printf("%d\n",*p);
```

    A. 5   B. 6   C. 7   D. 8

7.18   若在定义语句 int a,b,c,*p=&c;之后，接着执行以下选项中的语句，则能正确执行的语句是（   ）。

    A. scanf("%d",a,b,c);   B. scanf("%d%d%d",a,b,c);

    C. scanf("%d",p);   D. scanf("%d",&p);

二、上机实战

7.19   判断两个数组是否相等。

7.20   统计一个字符数组中大写字母和小写字母的个数。

7.21   若某数组中存放着若干整数，请将大于整数 x 的数提取出来存放到另一个数组中。

第8章 模块化程序设计

随着程序应用的不断深入，需要利用计算机解决的问题也越来越庞大和复杂，此时单靠一个人是无法完成编程任务的，于是就产生了模块化程序设计的方法。模块化设计的基本思想就是将一个大的问题按功能分割成若干个相对独立、功能单一、结构清晰的小模块，每个模块由一人独立编写完成，多人合作即可解决大问题。这样可以降低程序设计的复杂性，避免重复劳动，缩短了开发周期，并且有利于后续的维护和功能扩展。

8.1 概　　述

在 C 语言中，一个功能独立的模块是由函数来完成的。由于知识的局限性，到目前为止我们编写的程序大都只有一个主函数 main( )，而一个具有实用价值的程序总是由许多功能独立的函数所构成。这些函数可以是 C 语言所提供的库函数，如我们前面用过的 printf 函数、scanf 函数等，除此之外，C 语言还允许用户根据实际需要，自行编写函数以灵活解决各种问题。由于 C 程序的全部工作都是由各式各样的函数完成的，因此人们也把 C 语言称为"函数式语言"。

8.2 函数的定义

函数在使用前，需要先对其进行定义。函数定义通常由两部分组成：函数头部与函数体。

1. 函数定义的一般形式

（1）无参函数的定义形式

```
类型名    函数名( )
   {
        说明部分
        执行语句
   }
```

其中，类型名、函数名及圆括号"()"构成函数的头部。类型名指明了函数返回值的类型。函数名是由用户定义的有效标识符，通常应与其功能相关联，比如定义为 write( )的函数，人们就会联想是用来输出的函数。函数名后的括号是函数的象征，虽然其中无参数，但括号不可少。在很多情况下都不要求无参函数有返回值，此时函数类型符可以用"void"定义其为"空类型"（又称为"无类型"）。

{ }中的内容称为函数体。在函数体内的说明部分，是对函数体内部所用到的变量的类型说明。

（2）有参函数的定义形式

```
类型名    函数名(形参列表)
         {
               说明部分
               执行语句
         }
```

形参列表中若有多个参数，每个参数都需要说明其类型，同时参数间用"逗号"分隔。

2. 函数定义的案例

【**案例 8.1**】 编写函数，实现输出相应信息。

案例分析：

由于只需要输出信息，因此该函数只有输出语句，无须使用变量，函数既不需要参数，也不需要返回值。为了获得较好的视觉效果，可以考虑前后各输出一排"*"号。

具体函数：

```
void  write( )
{
        printf(" * * * * * * * * * * * * * * * * *\n");
        printf("       Hello, Welcome to the world of C functions!\n");
        printf(" * * * * * * * * * * * * * * * * *\n");

}
```

【**案例 8.2**】 编写函数，对传入的 3 个实型数据进行比较，并返回它们的最大值。

案例分析：

由于要传入 3 个实数，所以该函数有 3 个实型参数，在此将它们定义为 float 类型，并分别用 x，y，z 表示，为了得到最大值，就需对这 3 个参数两两比较，并将最大值放入 max 中，最后将 max 值作为函数的返回值，所以 max 和函数的类型均是 float。

具体函数：

```
float max(float x, float y, float z )
{
    float  max;
    max=x;
    if(x<y)
      max=y;
    if(max<z)
      max=z;
    return (max);
}
```

说明：

① 这是名为 max 的用户自定义函数。

② 该函数功能是返回 x，y，z 的最大值。其中的 x，y，z 为形式参数，需要主调函数将实际参数传递过来，它们才会被激活，从而发挥作用。

③ max 是在操作过程中需要用到的变量，所以要在函数体的说明部分对其进行定义。

④ 执行语句中，先对 max 赋值为 x，然后比较 x 和 y，如果 x 比 y 小，就将 max 重新赋值为 y，此时，max 中存放了 x 和 y 中的较大值，再将 max 和 z 做比较，如果 max 比 z 小，则将 z 赋值给 max，最终 max 中保存了 x，y，z 中的最大数。

⑤ 最后的语句 return(max)；的作用是将 max 的值作为函数值带回到主函数中，它又称为函数返回值。

3．函数定义的注意事项

函数定义应该在所有函数之外，不能嵌套。定义的位置可以在主调函数之前，也可以在主调函数之后。下面是错误的定义方法：

```
int a( )
{
  ⋮
  int b( )              /*嵌套的函数定义*/
  {
    ⋮
      }
  ⋮
  }
```

8.3　函数的参数和返回值

8.3.1　函数的参数

函数的参数分为形参（即形式参数）和实参（即实际参数）两种。

1．形式参数

形参出现在函数定义中，如案例 8.2 中，max 函数中的 x，y 和 z 都是形参。在定义函数时，系统并不给形参分配内存单元，而且形参没有具体的值，所以它们又称为虚参。然而一旦函数被调用，系统就会为形参分配临时的内存单元，以便存储函数调用时传过来的实参。形参获得实参传递过来的值后，它们在整个函数体内都可以使用，一旦函数运行结束，系统马上释放形参所占据的内存单元，形参作用终止。

2．实际参数

函数调用时函数名后的括号内是一个实参列表，每个实参只能是能够得到具体值的常量、变量或表达式，且必须与形参在数量上、类型上、顺序上严格一致，否则会发生"类型不匹配"的错误。

8.3.2　函数的返回值

编写函数的目的主要有两个：一个是希望通过函数调用使主调函数能得到一个需要的值，这个值就是函数的返回值；另一个则只是完成一个操作。例如，案例8.2中，max(6,10,8)的值是 10.0，max(10.34,59,98.1)的值是 98.1。如果需要函数的返回值，则函数尾部必须有return语句，因为C语言规定只有return语句才能将函数返回值带回主调函数；如果不需要函数的返回值，则函数中可以不要return语句。

return语句的一般形式为：

```
return 表达式；　　或者
return (表达式)；
```

说明：

① 语句的功能是：首先计算"表达式"的值，然后返回给主调函数。

② 在函数中允许有多个return语句，但每次调用只能有一个return语句被执行，执行到哪一个语句，哪个语句发挥作用。

③ 函数值的类型和函数定义中函数的类型应保持一致。如果两者不一致，则以函数类型为准，对数值型数据自动进行类型转换。

【案例8.3】编写程序，实现对案例8.2所编写函数的调用。（注意函数类型和变量类型以及形参值的改动。）

```c
#include "stdio.h"
main( )
{
    int max( );
    float  x,y,z;
    int m;
    printf("Enter  three  numb:\n");
    scanf("%f%f%f",&x,&y,&z);
    m=max(x,y,z);
    printf("The max of %f,%f,%f is %d!\n",x,y,z,m);
}
int max(float a,float b,float c )
{
    float max;
    a=a+b;
    b=b+c;
    max=a;
```

```
    if(a<b)
      max=b;
    if(max<c)
      max=c;
    return (max);
  }
```

程序运行的情况：

```
Enter  three  integer:
20.3  55.6  39
The max of 75.900000,94.599999,39 is 94!
```

8.4 函数的调用

定义函数的目的就是为了使用这个函数，而函数的使用在程序设计中被称为函数的调用。

8.4.1 函数调用的一般形式

函数调用的一般形式为：

函数名(实参列表);

对无参函数调用时则无实参列表。

【案例 8.4】 编写程序，实现对案例 8.1 所编写函数的调用。

```
#include "stdio.h"
void  write( )
{
    printf(" * * * * * * * * * * * * * * * * * * *
            *\n");
    printf("      Hello,Welcome to the world of C functions!\n");
    printf(" * * * * * * * * * * * * * * * * * * *
            *\n");

}
main( )
{
 write( );
}
```

运行情况如下：

```
* * * * * * * * * * * * * * * * * *
     Hello,Welcome to the world of C functions!
* * * * * * * * * * * * * * * * * *
```

如果函数有参数，则实参列表中的参数必须是可以产生具体值的常量、变量或表达式。各实参之间用逗号分隔。

分析案例 8.3，其调用过程如下：

① 运行程序，此时开始执行 main( )函数。在 main( )函数体内调用 max( )函数时，max( )函数中的形参 a，b，c 被分配到内存单元。

② 系统将实参对应的值传递给形参，如图 8.1 所示。实参 x 的值 20.3 传递给对应位置上的形参 a，这时形参 a 就得到值 20.3；同理，形参 b 和 c 得到的值依次为 55.6 和 39。

③ 此时系统将流程转去执行 max( )函数。

④ 执行到 return 语句时，将 max( )函数的值 max 带回到主调函数 main( )中调用 max( )的位置，并将值赋给 m，两者类型一致。

⑤ max( )函数被调用结束，形参单元被释放。而此时实参单元仍保留并维持原值，没有改变。

⑥ 函数在被调用期间，其形参的值是可以发生改变的。但由于形参与实参没有占用同一个存储单元，所以其对应实参的值不会改变。例如，案例 8.3 中，在执行 max( )函数过程中 a 和 b 的值依次变为 79.5 和 94.6,，但实参 x 和 y 仍为原来的 20.3 和 55.6，如图 8.2 所示。显然实参传递给形参的是它的值。

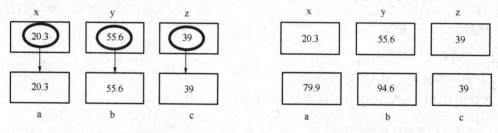

图 8.1　将实参对应的值传递给实参　　　图 8.2　形参改变，实参不变

思维拓展：

① 不管函数是否带参数，函数调用时如果丢失圆括号，那么将无法进行函数调用。尝试运行下面两个程序段，看看会出现什么不同的结果。

程序段 1：

```
prt(void)
{
   printf("********");
}
main( )
{
prt();
}
```

程序段 2：

```
prt(void)
```

```
            {
                printf("*********");
            }
        main( )
            {
                prt;
            }
```

② 形参名与实参名相同时，不影响程序的执行。尝试着将案例 8.3 中的实参变量名称也使用 a,b,c，看程序结果会不同吗？

8.4.2　对被调用函数的声明和函数原型

当一个函数需要调用同一程序段中的其他函数时，如果被调用函数的定义在主调函数的后面，则需要对该被调用函数进行声明。这样做的目的是便于对函数调用的合法性进行检查，包括函数是否存在以及函数值类型。

声明函数的一般形式：

　　　　类型名　函数名（　）;

如案例 8.3 中，在 main( ) 函数中对使用的 max( ) 进行的声明：int max( );

可以看到，对函数的声明和函数的定义是不同的。函数的定义是确定函数功能和身份，包括指定函数名、函数值类型、形参及类型、函数体等，是一个完整、独立的函数单位。而声明只是说明该函数是本程序中的一个自定义函数，同时告诉系统该函数的返回值的类型，以便主调函数按该类型对函数值进行相应处理。

知识的延伸：

函数声明可否有其他形式？

在 C 语言中，函数的声明还可用函数定义时的头部加分号";"的形式，即：

　　　　类型名　　函数名（形参列表）;

例如，案例 8.3 中的声明可以写为：int　　max(float a,float b,float c);

将这样的声明方法称为"函数原型"法。也可以简化为：

　　　　类型名　　函数名（形参类型列表）;

例如，案例 8.3 中的声明也可以写为：int　　max(float,float ,float);

说明：

① 当被调函数的定义出现在主调函数之前时，在主调函数中可以不对被调函数做说明。因为编译系统已经知道该函数及其类型，因此会自动处理。

② 如果函数的返回值是整型或字符型，可以不必说明，系统对它们自动按整型处理。

③ 如在所有函数定义之前，在文件的开头且在函数外部预先说明了各个函数的类型，则在以后的各主调函数中，可不必对被调函数进行说明。例如：

```
        char  f1( );
```

```
float  f2( );
main()
{
    ⋮
}
char  f1(int a)
{
    ⋮
}
float  f2(float x,float y)
{
    ⋮
}
```

其中，第一行和第二行对 f1 函数和 f2 函数预先做了说明，因此在以后各函数中无须对 f1 和 f2 函数再做说明就可直接调用了。

③ 对库函数的调用不需要做说明，但必须在程序文件开头用#include 命令将调用有关库函数所需用到的信息包含到本文件中。例如，在前面我们已经频繁使用过的：

```
# include "stdio.h"
```

思维拓展：
　　若使用函数原型的方式做函数声明，那么函数原型中的形参名字是否需要和后面函数定义中给出的名字相匹配？

8.4.3　函数的嵌套调用

　　C 语言规定，"一个函数的定义不能放在另一个函数内"，即函数的定义是平行的。但函数的调用必须放在主调函数体内。在处理复杂问题时，常常要编写多个函数，如果在调用一个函数的过程中又需要调用另一个函数，就形成了函数的嵌套调用，如图 8.3 所示。

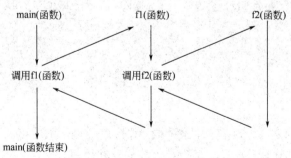

图 8.3　函数的嵌套调用

　　图 8.3 表示了两层嵌套的情形。其执行过程是：执行 main( )函数时遇到调用 f1( )函数的语句，此时转去执行 f1( )函数，在执行 f1( )函数的过程中又遇到调用 f2( )函数的语句，又转去执行 f2( )函数，f2( )函数执行完毕返回到 f1( )函数的调用 f2( )函数处，继续执行其后的语

句，f1( )函数执行完毕返回到 main 函数的调用 f1( )函数处，继续执行其后的语句，直到 main
函数结束，程序终止。

【案例 8.5】 求 $s=1\times2+2\times3+3\times4+\cdots+n\times(n+1)$，其中 n 的值在 main( )函数中由键盘输入，
结果 s 也在 main( )函数中输出。其他功能用函数完成。

案例分析：

该题目本身并不难，为了说明函数嵌套的应用，在此我们用函数嵌套来完成。首先定
义函数 product( )完成求两数相乘的功能，定义函数 accumulation( )完成累加功能。这样在
main( )函数中调用 accumulation( )计算所有项的累加结果，函数 accumulation( )中调用
product( )求各个累加项，这样的结构使得程序层次很清楚。

具体程序如下：

```c
#include "stdio.h"
long accumulation( );
int  product( );
main( )
{
   long s;
   int n;
   printf("Enter a interge  n:\n");
   scanf("%d",&n);
   s=accumulation(n);
   printf("The result of 1*2+2*3+3*4+…+n*(n+1)  is %ld .\n",r);
}
long accumulation(int n)
{
   int   i;
   long  sum=0;
   for(i=1;i<=n;i++)
     sum+=product(i);
   return  sum;
}
int product(int x)
{
  int  k;
  k= x*(x+1);
  return k;
}
```

程序运行的情况：

```
Enter a interge  n:
8
The result of  1*2+2*3+3*4+…+n*(n+1) is 240
```

8.4.4　函数的递归调用

如果一个函数被自己直接或间接地调用，就称为函数的递归调用，如图 8.4 和图 8.5 所示。

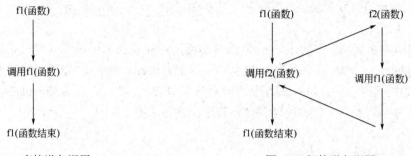

图 8.4　直接递归调用　　　　　　　　　图 8.5　间接递归调用

【案例 8.6】　用递归调用求如下所示表达式的斐波拉契数列（fibonacci）的前 n 项：（n 由程序运行时随机输入；每行显示 5 个数。）

$$f(n) = \begin{cases} 1, & n = 1 \\ 1, & n = 2 \\ f(n-1) + f(n-2), & n > 2 \end{cases}$$

案例分析：

由表达式可以看到递归表达式 $f(n)=f(n-1)+f(n-2)$，递归结束的标志是 n 等于 1 或 2。由此编写计算斐波拉契数列前 n 项的函数的思路为：先判断当前的 n 是否为 1 或 2，如果是，则函数返回 1，结束；否则 $f(n)=f(n-1)+f(n-2)$，即调用函数本身（但实参变小了，分别为 $n-1$ 和 $n-2$）。

具体程序如下：

```c
#include "stdio.h"
long  Fibona( );
main( )
{
  int n,i;
  printf("Enter the integer n(> 0):\n");
  scanf("%d",&n);
  printf("The first  %d  items of fibonacci is:\n",n);
  for(i=1;i<=n;i++)
  {
    printf("%10ld",Fibona(i));
    if(i%5==0)                  /*一行显示 5 个数字*/
    printf("\n");

  }
}
```

```
long Fibona( int n)
{
    long m;
    if(n==1||n==2)
        m=1;
    else
        m=Fibona(n-1)+Fibona(n-2);
    return m;
}
```

程序运行的情况：

```
Enter the integer n(> 0):
10
The first 10 items of fibonacci is:
1         1         2         3         5
8         13        21        34        55
```

【案例8.7】　用递归调用求 1+2+3+4+⋯+n 的值。

案例分析：

令 s(n)=1+2+3+⋯+n，显然递归结束的标志是 n 等于 1，当 n 为 1 时，s(n)为 1。同时可将 s(n)写成递归表达式：s(n)=s(n−1)+n。

具体程序如下：

```
#include "stdio.h"
int  s( );
main( )
{
    int n,sum=0;;
    printf("Enter the integer n(> 0):\n");
    scanf("%d",&n);
    printf("sum is:");
    sum=s(n);
    printf("%d",sum);
    }
}
int s( int n)
{
    int m;
    if(n==1)
        m=1;
    else
        m=s(n-1)+n;
    return m;
}
```

程序运行的情况：

```
Enter the integer n(> 0):
10
sum is: 55
```

说明：

① 为防止递归的无休止调用，在递归函数中要有出口（即结束递归），如案例 8.5 中的 n==1 和 n==2，案例 8.6 中的 n==1。

② 递归函数可以简化程序，但一般不能提高程序的执行效率。直接递归函数要不断地调用自身，而间接递归会调用两个或更多的函数，因为要保护"现场"，所以对内存的占用是相当巨大的。

8.5　数组作为函数的参数

在 C 语言中，函数参数既可以是简单变量也可以是构造变量。数组是最简单的构造变量。数组可以作为函数的参数，其作为函数的参数时分为两种情况：数组元素作为函数实参；数组名作为函数实参。

1．数组元素作为函数实参

数组元素作为函数实参时，与用简单变量作实参一样，只要数组类型和函数的形参变量的类型一致即可，其传递方向是单向传递，即"值传递"方式。

【案例 8.8】已知学生的 7 门课程成绩，统计其不及格成绩的门数。

案例分析：

编写函数 judge 用来判断成绩是否不及格（即成绩是否小于 60），是则返回 1，否则返回 0。在 main( )函数中定义 score 数组用来记录 9 门课程成绩，整型变量 k 记录不及格成绩的门数；将 score 中的每个数组元素依次作为 judge 函数的实参，若返回 1，k++，否则扫描下一个数组元素。

具体程序如下：

```
#include  <stdio.h>
int  judge(float);
main()
{
  int i,k=0;
  float score[7]={59,89,74,93.5,47.8,67,80};
  for(i=0;i<7;i++)
   if(judge(score[i]))   /*数组元素作为实参*/
     k++;
  printf("The numer of failed courses is %d !\n",k);
}
```

```
int  judge(float x)
{
  if(x<60)
   return  1;
  else
   return  0;
}
```

程序运行的情况：

```
The numer of failed courses is 2!
```

2．数组名作为函数参数

可以用数组名作为函数实参，由于数组名代表着一片连续存储单元的首地址，所以此时形参也必须是数组名（或指针）。

【案例 8.9】 已知有一数组 score 存放了参加数学竞赛的 10 名学生的竞赛成绩，编写函数：计算这些同学竞赛的平均成绩。

案例分析：

在 main( ) 函数中定义一维数组 score 用以存放参加数学竞赛的 10 名学生的竞赛成绩。编写一个函数 aver 来计算这些同学竞赛的平均成绩，显然需要将 score 数组中的每个元素均发过来进行计算，因此将函数的形参定义为数组（或指针），在函数中计算数组的所有元素的平均值，作为函数的返回值带回。

具体程序如下：

```
#include  <stdio.h>
float  aver( );
main( )
{
  int i;
  float  a,score[10];
  printf("Enter 10 scores:\n");
  for(i=0;i<10;i++)
    scanf("%f",&score[i]);
  a=aver(score);
  printf("\nThe average score is %5.2f\n",a);
}
float aver(float x[10])
{
  int i;
  float a,s=x[0];
  for(i=1;i<10;i++)
   s=s+x[i];
   a=s/10;
  return a;
```

```
}
```

程序运行的情况：

```
Enter 10 scores:
 88 65 78 91 56 67 70 46 50 80
The average  score is  69.10
```

8.6　变量的作用域

在前面的案例中，我们常常会在不同的函数中使用相同的变量，特别是形参和实参出现同名的情况。此时并不影响程序的结果，究其原因，就是因为每个变量均有自己的作用范围，只要标识清楚就没有问题，这就是变量的作用域。变量的作用域（又称为变量的作用范围）与其定义语句在程序中的位置有直接的关系。C 语言中的变量按照作用域范围可分为两种，即局部变量和全局变量。

8.6.1　局部变量

局部变量也称为内部变量，凡是在一个函数内部定义的变量即为局部变量。它只在本函数范围内有效，即只有在本函数内才能使用它们，一旦离开本函数就不能使用这些变量。

例如，案例 8.4 中函数 accumulation( ) 中的变量 k 和 sum，作用范围限于 accumulation( )内，product( )函数中的变量 k，作用范围限于 product( )内，它们是互不相干的变量。

说明：

① 因为主函数也是一个函数，所以主函数中定义的变量也只能在主函数中有效，不能在其他函数中使用。同样，主函数中也不能使用其他函数中定义的变量。

② 形式参数在程序设计中是作为局部变量使用的，所以在函数中可以使用本函数定义的形参，但在函数外不能引用它们。

③ 在复合语句中也可定义局部变量，其作用域只在复合语句范围内有效。例如：

```
#include "stdio.h"
main( )
{
  int  i=12,j=10,k;
  k=i*j-2;
  {
    int k=9;
      printf("%d\n",k);
  }
  printf("%d\n",k);
}
```

程序运行结果为:

```
9
118
```

在 main( )函数中第一行定义了局部变量 k, 第二行对 k 赋值为 i*j-2, 此时值为 118; 接着是一个复合语句, 在复合语句中也定义了局部变量 k, 赋值为 9, 此时输出的 k 是复合语句中的 k, 值为 9 (即函数中的 k 被屏蔽); 复合语句结束后, 其中定义的 k 局部变量空间释放, 此时再输出的 k 是复合语句外的局部变量 k, 值为 118。

8.6.2 全局变量

全局变量也称为外部变量, 它是在函数外部定义的变量。它不属于任何一个函数, 它属于一个源程序文件 (一个程序可以包含一个或若干个源程序文件)。其作用域是从定义变量的位置开始到整个源程序文件结束, 可被在此范围内的所有函数共有。

例如:

```
int a=5;                        /*外部变量*/
float f1(float x)
{
 int y,z;
   ⋮
 }
 float b=5.5;                   /*外部变量*/
 int f2(int x,int y)
{
 int k;
   ⋮
     }
   main( )
   {
    int m,t;
⋮
     }
```

a 和 b 都是全局变量, 但它们的作用范围不同。在 f1、f2 和 main 函数中都可以使用全局变量 a, 但在函数 f1 中就不能使用全局变量 b, 只能使用全局变量 a。

使用全局变量确实为某些需要共享数据的函数带来方便, 但却会出现全局变量与局部变量同名的问题, 怎么办? C 语言规定, 一旦全局变量与函数中的局部变量重名, 此时同名的全局变量被"屏蔽", 暂时不起作用。

【案例 8.10】 分析以下程序的输出结果。

程序代码:

```
#include "stdio.h"
```

```
int x=4,y=5;
long calu(int x,int y)
{
    return x*x+x*y-5;
}
main ()
{
    int x=10;
    printf("%d*%d+%d*%d-5=%ld\n",x,x,x,y,calu(x,y));
}
```

程序输出结果为：

```
10*10+10*5-5=145
```

分析程序如下：

① 在程序开头首先定义了两个整型全局变量 x 和 y，并对它们进行初始化。x 的初始化值为 4，y 的初始化值为 5。

② 函数 calu 中有两个形参 x，y，它们从名称到数据类型与全局变量均相同，但它们只是局部变量，它们的值需由实参传递。

③ main( )函数中定义了一个整型局部变量 x，它与全局变量 x 同名，但由于 x 的作用范围是 main( )函数，所以在 main( )函数范围内全局变量 x 被屏蔽，不发挥作用；而 main( )函数中没有定义 y 变量，所以全局变量 y 在此范围可以发挥最用。因此，main( )函数中调用的 calu(x,y)相当于 calu(10,5)，即求 10*10+10*5-5，所以为 145。

8.7　变量的存储类别

除了变量的作用域外，C 语言还提供变量的存储类别来对变量作用域进行说明。导致变量作用域的不同，从根本上而言，就是变量的存储类别不同，所以对一个变量的说明，不仅应说明其数据类型，还应说明其存储类别。

在 C 语言中变量的存储类别主要分为两大类：静态存储和动态存储。静态存储是变量在静态存储区分配到固定的存储单元，在整个程序运行期间其所占空间不释放。动态存储是指在程序执行过程中根据需要在动态存储区分配到临时的存储单元，一旦运行完毕空间将被释放。

如图 8.6 所示，程序在运行期间，系统分配给用户的存储空间有 3 部分。

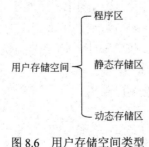

图 8.6　用户存储空间类型

全局变量全部存放在静态存储区，在程序开始执行时给全局变量分配存储区，程序执行完毕就释放。在程序执行过程中它们占据固定的存储单元，而不动态地进行分配和释放。

函数的形参、普通局部变量将在动态存储区存放。除此之外，函数递归调用的现场保护和返回地址也是存储在动态存储区中的。这些数据会在函数开始调用时分配动态存储空间，函数结束时释放这些空间。

存储类别的变量定义的一般形式为：

　　　　　存储类别　　　数据类型　　　变量 1，…，变量 n；

或

　　　　　数据类型　　　存储类别　　　变量 1，…，变量 n；

对变量的存储说明有以下 4 种。

1．自动变量的声明——auto

函数中定义的变量，如果没有做其他特别声明，都是动态地分配到动态存储区的。由编译系统自动对它们进行分配和释放存储空间，所以又将局部变量称为自动变量。自动变量用关键字 auto 作为存储类型的说明。例如：

```
int  f(int a)
{
  auto  float x,y,z;
      ⋮
}
```

在 f 函数中 a 是形参，x，y，z 是自动变量。执行完 f 函数后，自动释放 a，x，y，z 所占的存储单元。

关键字 auto 可以省略，auto 不写则隐含定为“自动存储类别”，属于动态存储方式。

2．静态变量的声明——static

有时希望函数中的局部变量的值在函数调用结束后不消失而保留原值，即其占有的存储单元不释放，这时就应该指定局部变量为“静态局部变量”，用关键字 static 进行声明。

【案例 8.11】　分析以下程序的输出结果。

```
#include "stdio.h"
void f(int a)
{
  auto  int b=0,d1,d2;
  static  int c=0;
  b=b+1;
  c=c+1;
```

```
        d1=a*b;
        d2=a*c;
        printf("d1=%4d",d1);
        printf("  d2=%4d\n",d2);
    }
    main()
    {
    int a=5,i;
        for(i=0;i<3;i++)
            f(a);
    }
```

程序输出结果为：

```
    d1=   5    d2=   5
    d1=   5    d2=  10
    d1=   5    d2=  15
```

分析程序如下：

① f 函数中定义变量 b 为自动变量，初始值为 0；c 定义为静态局部变量，初始值也为 0。

② main 函数调用 f 函数 3 次。

第一调用 f 函数：a=5；b=1；c=1。因此打印结果为 d1=　5　　 d2=　5。f 函数结束后，b 被释放，而 c 被保留且值为 1。

第二次调用 f 函数：a=5；b 被重新分配空间，赋值为 0，执行 b=b+1 后，值为 1；由于 c 被保留为 1，执行 c=c+1 后，值为 2。此时打印结果为 d1=　5　　 d2=　10。f 函数结束后，b 被释放，而 c 被保留为 2。

第二次调用 f 函数：a=5；b 被重新分配空间，赋值为 0，执行 b=b+1 后，值为 1；由于 c 被保留为 2，执行 c=c+1 后，值为 3。此时打印结果为 d1=　5　　 d2=　15。f 函数结束后，b 被释放，而 c 被保留为 3。

说明：

① 静态局部变量属于静态存储类别，在静态存储区内分配存储单元。在程序整个运行期间都不释放，但是由于是局部变量，其他函数也是不能引用它的。而自动变量（即动态局部变量）属于动态存储类别，占动态存储空间，函数调用结束后即释放。

② 静态局部变量在编译时赋初值，即只赋初值一次，以后每次调用时不再重新赋初值而只是保留上次函数调用结束时的值。而对自动变量赋初值是在函数调用时进行的，每调用一次函数重新给一次初值，相当于执行一次赋值语句。

③ 如果在定义局部变量时不赋初值的话，则对静态局部变量来说，编译时自动赋初值 0（对数值型变量）或空字符（对字符变量）。而对自动变量来说，如果不赋初值，则它的值是一个不确定的值。

除了"静态局部变量"，还有"静态外部变量"。静态外部变量只限于本文件范围内有效，不能被其他文件引用。这里不介绍其具体应用。

知识的延伸：

什么情况下需要用静态局部变量？

由于静态局部变量具有保留值的特性，当多次调用函数时，往往弄不清其当前值是多少，从而降低了程序的可读性，因此，建议少用静态局部变量。但是在程序设计中有时需要使用静态局部变量：

① 需要保留上次调用结束时的值，且调用次数不是太多的情况。

② 如果初始化后变量只被引用，而不改变其值，用静态局部变量较为方便。

3．寄存器变量声明——register

一般情况，用户的存储空间是指内存的空间，程序中的变量（包括静态存储和动态存储）都是存放在内存中的。而有时为了提高效率，C 语言允许将局部变量的值放在 CPU 中的寄存器中，这种变量叫作"寄存器变量"，用关键字 register 进行声明。例如：

```
register  int  x;
```

说明：

① 只有局部自动变量和形式参数可以作为寄存器变量。

② 一个计算机系统中的寄存器数目有限，不能定义过多的寄存器变量。

③ 局部静态变量不能定义为寄存器变量。

由于现在有些优化的编译系统能够自动识别使用频繁的变量，从而自动将这些变量放在寄存器中，而不需要程序设计者自己设计。因此我们不需要声明 register 的变量，只要知道 regiter 这个概念即可。

4．外部变量的作用范围声明——extern

（1）扩展外部变量在本文件中的作用范围

外部变量（即全局变量）是在函数外部定义的，它的作用域为从变量定义处开始，到本程序文件的末尾。如果外部变量不是在文件的开头定义，那么其定义之前的函数就不能使用这些外部变量。如果在定义点之前的函数想引用该外部变量，则应该在引用之前用关键字 extern 对该变量进行"外部变量声明"，表示该变量是一个已经定义的外部变量。有了此声明，就可以从"声明"处起，合法地使用这些外部变量了。

【案例 8.12】　用 extern 声明外部变量，扩展其在本程序文件中的作用域。

```
#include "stdio.h"
int max(int x,int y)
{
  int  z;
  z=x>y?x:y;
  return z;
}
main( )
{
  extern  m,n;
  printf("max(%d,%d)=%d\n",m,n,max(m,n));
```

```
       }
       int   m=20,n=-7;
```

程序输出结果为：

```
       max(20,-7)= 20
```

程序分析如下：

在源程序文件的最后定义了外部变量 m，n，由于它们的定义位置在 main( ) 函数之后，因此 main( ) 函数不在其作用范围内，main( ) 函数中本不能引用它们。然而现在在 main( ) 函数中对 m，n 做了 extern( ) 的"外部变量声明"，因此可以从"声明"处（main( ) 函数中）合法地引用 m，n。

（2）允许其他源文件引用

当一个源程序由若干个源文件组成时，如果在一个文件中定义的全局变量需要在另一个文件中被引用，则只需在需要引用的文件中用 extren 做说明即可。

【案例 8.13】 观察并分析以下程序段中外部变量的引用情况。

File1.C 代码：

```
       int x, y;                 /*外部变量定义*/
       float z;                  /*外部变量定义*/
       main( )
       {
           ⋮
       }
```

File2.C 代码：

```
       extern  int  x,y;         /*外部变量说明*/
       extern  float  z;         /*外部变量说明*/
       void func (int a,int b)
       {
           ⋮
       }
```

引用分析：

程序在源文件 File1.C 中定义了 3 个外部变量，分别是：两个整型变量 x，y 和一个单精度浮点变量 z。而另一个源文件 File2.C 需要使用这 3 个外部变量 x，y，z，于是在 File2.C 文件中通过用关键字 extern 将这 3 个变量做了说明，从而使得这 3 个外部变量也可以在源文件 File2.C 中使用，编译系统不再为它们分配内存空间。

8.8　函数程序设计实验指导

1. 实验目的

① 掌握 C 语言中定义函数的方法。

② 掌握函数实参和形参的对应关系以及通过"值传递"调用函数的方法。

③ 会编写简单的函数。

④ 掌握函数的嵌套调用。

2. 实验内容

(1) 上机调试下面的程序

```
#include "stdio.h"
main( )
{
  int a=3,s,t;
  s=f(a+1);
  t=f((a+1));
  printf("%d,%d\n",s,t);
}
```

具体要求如下：

① 记录系统给出的出错信息。

② 指出出错的原因。

(2) 求 1～100 以内的所有素数

具体要求如下：

① 素数的判断用函数实现，通过主函数调用实现素数的输出。

② 除 2 以外，所有偶数均不是素数，循环时不必考虑。

③ 输出时按每行 5 个数输出，每位数占 5 位的宽度。

练习与实战

一、选择题

8.1 以下关于函数的叙述中正确的是（　　）。

    A. C 语言程序将从源程序中第一个函数开始执行

    B. 可以在程序中由用户指定任意一个函数作为主函数，程序将从此开始执行

    C. C 语言规定必须用 main 作为主函数名，程序将从此开始执行，在此结束

    D. main 可作为用户标识符，用以定义任意一个函数

8.2 以下关于函数的叙述中不正确的是（　　）。

    A. 程序是函数的集合，包括标准库函数和用户自定义函数

    B. C 语言程序中，被调用的函数必须在 main( )函数中定义

    C. C 语言程序中，函数的定义不能嵌套

    D. C 语言程序中，函数的调用可以嵌套

8.3 在一个 C 程序中（　　）。

    A. main( )函数必须出现在所有函数之前

    B. main( )函数必须出现在所有函数之后

    C. main( )函数可以在任何地方出现

    D. main( )函数必须出现在固定位置

8.4 以下叙述中，错误的是（   ）。

    A. 函数未被调用时，系统将不为形参分配内存单元

    B. 实参与形参的个数应相等，且类型相同或赋值兼容

    C. 实参可以是常量、变量或表达式

    D. 形参可以是常量、变量或表达式

8.5 有关以下函数，正确的说法是（   ）。

```
int  add(  int  x; int  y)
{
  z=x+y;
  return  z;
}
```

    A. 此函数能单独运行   B. 此函数存在语法错误

    C. 此函数通过 main( )函数能调用   D. 此函数没有语法错误

8.6 若有以下调用语句，则正确的 fun 函数首部是（   ）。

```
    main()
    {
      int a;float   x;
      ⋮
      fun(x,a);
    ⋮
    }
```

    A. void fun(int m,float x)   B. void fun(float a,int x)

    C. void fun(int m,float x[])   D. void fun(int x,float a)

8.7 调用函数时，如果实参是简单变量，其与对应形参之间的数据传递方式是（   ）。

    A. 地址传递   B. 单向值传递

    C. 由实参传给形参，再由形参传回实参   D. 传递方式由用户指定

8.8 若用数组名作为函数调用时的实参，则实际上传递给形参的是（   ）。

    A. 数组的首地址   B. 数组的第一个元素值

    C. 数组中全部元素的值   D. 数组元素的个数

8.9 有如下程序，该程序的输出结果是（   ）。

```
#include "stdio.h"
int  func(int a,int   b)
   { return(a*b); }
main ( )
```

```
{
    int   x=2,y=5,z=8,r;
    r=func(func(x,y),z+1);
    printf("%d\n",r);
}
```

　　　A. 15　　　　　　B. 16　　　　　　　　C. 80　　　　　　　D. 90

8.10　以下叙述中，不正确的是（　　　）。

　　　A. 在同一 C 程序文件中，不同函数中可以使用同名变量

　　　B. 在 main( )函数体内定义的变量是全局变量

　　　C. 形参是局部变量，函数调用完成即失去意义

　　　D. 若同一文件中全局变量和局部变量同名，则全局变量在局部变量作用范围内
　　　　 不起作用

8.11　C 语言源程序的某文件中定义的全局变量的作用域为（　　　）。

　　　A. 本文件的全部范围　　　　　　　　　B. 本函数的全部范围

　　　C. 从定义该变量的位置开始到本文件结束　D. 本程序的所有文件的范围

8.12　在 C 语言中，函数的隐含存储类别是（　　　）。

　　　A. auto　　　　　B. static　　　　　　C. extern　　　　　D. 无存储类别

二、程序分析题

8.13　阅读下面的程序，写出它的运行结果。

```
#include<stdio.h>
int func(int m)
{
    int  s;
    if (m==1)
     s=1;
    else
     s=m+4;
    return(s);
}
main()
{
    int  y;
    y=func(4);
    printf("%d",y);
}
```

8.14　阅读下面的程序，写出它的运行结果。

```
#include "stdio.h"
void count(int n);
```

```
main ( )
{
   int  I;
   for(i=1;  I <= 3;  i++)
    {
       count(i);
     }
}
void count(int n)
{
  static   int   x=1;
  printf("%d:x=%d",   n,   x);
   x += 2;
  printf("  x+2=%d\n",  x);
}
```

8.15　阅读下面的程序，写出它的运行结果。

```
#include "stdio.h"
long  fun(int n)
{
  long  s;
  if(n==1||n==2)
     s=2;
  else
   s=n-fun(n-1);
  return s;
}
main()
{
  printf("%ld\n",fun(4));
}
```

8.16　以下函数的功能是删除字符串 s 中的数字字符，请填写缺少的语句。

```
Void delnum(char s[])
{
 int  i,j;
 for(i=0,j=0;s[i]!='\0';i++)
  if ( s[i]<'0  ①    s[i]>'9')
   {
     s[j]=s[i];
   _____②_____  ;
 }
 s[j]=____③____  ;
   }
```

三、上机实战

8.17　编写一个函数，对传递给它的字符进行判断，如果是英文字母则返回该字母对应的 ASCII 码。

8.18　输入两个整数，求它们相除的余数。用带参数的函数来编程实现。

8.19　编写函数实现将字符串中的大写字母转换为小写字母。

8.20　编写函数实现将字符串 str2 连接到 str1 之后。

8.21　编写函数打印出一个 3×4 矩阵中最大数及最大数所对应元素的下标。

8.22　编写一个函数对数据序列按从大到小的顺序进行排序，在主函数中输出排序后的结果。

8.23　编写函数计算 2n。要求：

① n 在 main( )函数中随机输入。

② 利用递归方法。

第9章　复杂数据类型

在前面的学习中，我们用到的变量都是单一类型的变量。然而在现实生活中大量的数据都不是单一类型数据所能描述的。例如，学生成绩表中，反映一个学生成绩的信息要通过学号、课程号和成绩共同体现。而学号的数据类型只能为整型或字符型，课程号的数据类型应为字符型，各科成绩的数据类型只能为整型或实型。显然这类数据是由多种不同数据类型的数据项组成的，它的实现只能通过本章介绍的复杂数据类型完成。C 语言的复杂数据类型包括结构体、共用体和枚举类型。

9.1　结　构　体

现实生活中的很多数据都是通过表格以记录的形式来呈现的，例如表 9-1 所示的学生成绩表。

表 9-1　学生成绩表

学号	姓名	语文	数学	英语	总分
20130012001	李芳	120	134	128	382
20130012011	张力	135	130	110	375
20130012023	赵勇	110	112	103	325

表中每一行表示一个学生的相关成绩信息，这些信息不是单一数据类型，既有字符型，也有整型。如果使用前面所学的方法，则无法将同一个人的数据放到一个对象中处理。为此，C 语言提供了将几种不同的数据类型组合到一起的方法，用以解决这类问题，这就是结构体类型。

9.1.1　结构体类型的定义

结构体类型是一种复合的数据类型，它是将其他的数据类型构成一个结构类型。结构体类型变量的组成成分是多样的，但是却可以作为一个整体进行处理。

1. 结构体类型的定义形式

```
struct    结构体类型名
{
    类型名    成员 1 名;
    类型名    成员 2 名;
```

$\vdots$ $\vdots$

```
    类型名      成员 n 名;
};
```

说明：

① 其中关键字 struct 用于定义结构体类型，放置在定义的开始。

② 结构体成员的类型可以是普通的数据类型（如 int、float、char），也可以是数组、指针或已定义的结构体类型。

③ 结构体的成员部分要用一对花括弧"{ }"括起来，且在定义的最后以分号表示结束。

有了结构体类型后，前面的学生成绩记录就可以用结构体进行定义了：

```
struct   studscore
{
 char    sno[12];
 char    sname[8];
 int     chinese;
 int     math;
 int     eng;
 int     sum;
};
```

在这里，我们定义了一个名为 studscore 的学生成绩结构体类型，其中包括字符数组 sno、sname 和整型数据 chinese、math、eng 等成员变量。

思维拓展：

结构体类型定义右花括号后的分号不能缺省，如果无意间忽略了这个分号，可能会导致意料之外的结果。尝试运行下面的程序，看看会出现什么结果。

```
#include "stdio.h"
main( )
{struct student
 { int number;
   char name[10];
   char sex;
 }
struct  student  st[N];
 int  i , m ;
 int  max ;
for ( i=0 ; i<N ; i++)
    scanf( "%d%s%d" , &st[i].n , st[i].name, &st[i].score) ;
for ( i=0 ; i<N ; i++)
        {printf("%4d", st[i].n ) ;
        printf("%10s", st[i].name );
        printf("%c\n", st[i].sex);}
 }
```

2. 结构体变量的定义

结构体一旦定义好后，就可以同其他数据类型一样，用来定义结构体类型的变量了。

（1）先定义结构体类型，再定义变量

```
struct  studscore
{
char    sno[12];
char    sname[8];
int     chinese;
int     math;
int     eng;
int     sum;
};
struct  studscore  stu1 , stu2 ;
```

结构体变量 stu1 和 stu2 各自都需要 28 个字节（在 Turbo C 中）。

（2）定义结构体类型的同时定义变量

```
struct  studscore
{
char    sno[12];
char    sname[8];
int     chinese;
int     math;
int     eng;
int     sum;
} stu1 , stu2 ;
```

（3）直接定义结构体变量

```
struct
{
char    sno[12];
char    sname[8];
int     chinese;
int     math;
int     eng;
int     sum;
} stu1 , stu2 ;
```

3. 结构体变量的初始化

结构体变量同数组一样，也可以在定义时进行初始化。例如：

```
struct  studscore
{
char    sno[12];
```

```
       char    sname[8];
       int     chinese;
       int     math;
       int     eng;
       int     sum;
       } stu1={"20130012001","李芳",120,134,128,382};
```

也可以将类型定义和变量定义分开：

```
truct  studscore
       {
       char    sno[12];
       char    sname[8];
       int     chinese;
       int     math;
       int     eng;
       int     sum;
       };
       struct studscore  stu1={"20130012001","李芳 ",120,134,128,382};
```

同数组一样，当初始化值的个数少于结构体成员数时，余下的成员自动赋初值 0（字符型是'\0'）。

4. 结构体变量的存储形式

结构体变量一旦定义，系统就会在内存为其分配存储空间。分配办法与数组十分相似，都是开辟一片连续的存储单元，依次连续存放各成员。比如，上面定义的变量 stu1 在内存中的存储形式如图 9.1 所示。（假设在 Turbo C 中，起始位置为 1000。）

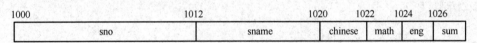

图 9.1　结构体变量的存储形式

9.1.2　结构体变量的引用

结构体变量定义好后，就可以对其进行引用了。其引用方式和数组十分相似，通常都是对其成员分别引用。

1. 结构体变量的引用方式

结构体变量的引用方式有两种，分别是：

变量引用方式：结构体变量.成员名……………………利用“.”运算符

指针变量引用方式：结构体指针变量➜成员名………………利用“➜”运算符

（1）结构体变量引用形式

通过“.”运算符，可以将结构体变量的各个成员分离出来单独使用。例如：

```
struct studscore  stu1;
strcpy(stu1.sno,"20130012011");
scanf("%s",stu1.sname);
stu1.chinese=135;stu1.math=130;
scanf("%d",&stu1.eng);
printf("学号%12s,姓名%8s,语文%5d",stu1.sno,stu1.sname,stu1.chinese);
```

（2）结构体指针变量引用形式

如果定义的是结构体指针变量，就可以通过运算符"→"将其指向的结构体变量的成员分离出来单独使用。例如：

```
struct  studscore  stu1, *p;
p=&stu1;
strcpy(p→sno,"20130012011");
p→chinese=135;p→math=130;
```

显然，如果定义的是结构体变量，就用运算符"."引用其成员；如果定义的是结构体指针变量，就用运算符"→"引用其成员。

2. 结构体变量引用案例

【案例 9.1】 使用前面定义的 struct studscore 类型，输入学生成绩的相关信息，并以表格形式输出。

案例分析：

由于要使用结构体类型，所以必须先定义，后使用。由于考虑到这种类型的数据不一定仅仅使用在主函数中，所以建议可以将类型定义放在函数体外。（在此我们只写一个主函数。）通过将成员分离出来后，逐一赋值或输入，然后按照要求输出。

具体程序如下：

```
# include "stdio.h"
struct  studscore
    {
    char    sno[12];
    char    sname[8];
    int     chinese;
    int     math;
    int     eng;
    int     sum;
    };
main( )
    {
    struct  studscore  stu1;
    int i;
    printf("   输入学生成绩相关信息   \n");
    printf("学号：");
```

```
      scanf("%s",stu1.sno);
      printf("\n 姓名：");
      scanf("%s",stu1.sname);
      printf("\n 语文：");
      scanf("%d",&stu1.chinese);
      printf("\n 数学：");
      scanf("%d",&stu1.math);
      printf("\n 英语：");
      scanf("%d",&stu1.eng);
      stu1.sum= stu1.chinese+ stu1.math+ stu1.eng;
      printf("\n");
      printf("学号        姓名      语文      数学      英语      总分\n");
      printf("%12s%5s%9d%9d%9d%9d",stu1.sno,stu1.sname,stu1.chinese,
      stu1.math,stu1.eng,stu1.sum);
}
```

程序运行结果：

```
输入学生成绩相关信息
学号：20130012023
姓名：赵勇
语文：110
数学：112
英语：103
总分：325
学号            姓名    语文      数学      英语      总分
20130012023    赵勇    110      112      103      325
```

9.1.3 结构体数组

一个结构体变量只能存储一条记录数据，如果要处理多条相关记录，可采用结构体数组。

1. 结构体数组的定义

① 先定义结构体类型，再定义结构体数组。例如：

```
struct  studscore
{
char    sno[12];
char    sname[8];
int     chinese;
int     math;
int     eng;
int     sum;
};
struct  studscore  stu[10];
```

② 定义结构体类型的同时定义数组。例如：

```
 struct  studscore
{
 char    sno[12];
 char    sname[8];
 int     chinese;
 int     math;
 int     eng;
 int     sum;
} stu[10] ;
```

③ 直接定义结构体数组。例如：

```
struct
{
 char    sno[12];
 char    sname[8];
 int     chinese;
 int     math;
 int     eng;
 int     sum;
} stu[10] ;
```

2. 结构体数组的初始化

```
struct  studscore
{
 char    sno[12];
 char    sname[8];
 int     chinese;
 int     math;
 int     eng;
 int     sum;
};
struct studscore stu[2]={{"20130101001","张三",96,85,77},{"20130101002",
李四",110,123,106} };
```

3. 结构体数组的引用

① 引用某个数组元素的成员。例如：

```
puts( stu[0]. name );
printf("%d, %d", stu[1].chinese,stu[1].math);
```

② 数组元素之间可以整体赋值，也可以将一个元素赋给一个相同类型的结构体变量。例如：

```
struct  studscore  x,stu[3]={ {"20130101001",
```

"张三",96,85,77},{"20130101002", 李四",110,123,106} };

```
        stu[2] = stu[0];
        x = st[1];
```

后两句都是结构体变量的整体赋值。

【**案例 9.2**】 有 10 名学生，每个学生包括学号、姓名、成绩，要求找出其中成绩最高者，并输出其信息。

案例分析：

由于每个学生包括学号、姓名和成绩 3 个组成部分，它们是一个整体，所以要定义"学生"为结构体，其中包含学号、姓名、成绩 3 部分。

具体程序如下：

```c
#include "stdio.h"
#define N  10
struct  student
{
char  sno[12];
    char  name[8];
    int  score;
  };
main( )
{
 struct  student  st[N];
 int  i , m ;
 int  max ;
for ( i=0 ; i<N ; i++)
  scanf("%s%s%d", st[i].sno , st[i].name, &st[i].score) ;
max=st[0].score;
for( i=1 ; i<N ; i++ )
if (st[i].score > max )
  {
max=st[i].score;
   m=i;
   }
printf("%4d", st[m].sno);
printf("%10s", st[m].name);
printf("%5d\n", st[m].score);
}
```

【**案例 9.3**】 按成绩对 10 名学生的信息按照成绩从高到低进行排序。

案例分析：

与前同，只是排序要使用双循环。

具体程序如下：

```c
#include "stdio.h"
```

```
    #define  N  10
    struct  student
    {
char  sno[12] ;
char  name[8] ;
    int   score ;
    };
    void  inp(struct student  a[ ])
    {
int  i ;
    for ( i=0 ; i<N ; i++)
     scanf("%s%s%d", a[i].sno, a[i].name, &a[i].score) ;
    }
    void  outp(struct student  a[ ])
    {
int  i ;
    for ( i=0 ; i<N ; i++)
     printf("%12s%10s%4d\n", a[i].sno, a[i].name, a[i].score) ;
    }
    void  sort(struct  student  a[ ] )
    {
    int  i , j ;
    struct student  temp;
    for ( i=0 ; i<N-1 ; i++)
     for ( j=i+1 ; j<N ; j++)
      if (a[i].score<a[j].score)
       {
    temp=a[i] ;
        a[i]=a[j] ;
        a[j]=temp ;
        }
    }
    void  main( )
    {
struct  student  st[N];
    inp(st);
    sort(st);
    outp(st);
}
```

9.2 共 用 体

共用体又称为联合体，是与结构体相似的数据类型。与结构体不同的是，结构体变量的每个成员都要分配空间，结构体变量所占用的空间是每个成员所占用空间之和；而共用体变量所有成员共同占用一个空间，所以共用体变量在开空间时，系统是按照其最大成员所占空间进行分配的。

9.2.1　共用体类型定义

1．共用体类型定义形式

```
union    共用体类型名
{
  类型名          成员1;
    类型名        成员2;
        ⋮          ⋮
    类型名        成员n;
  } ;
```

2．共用体变量的定义

共用体一旦定义好后，就可以同其他数据类型一样，用来定义共用体类型的变量。

（1）先定义共用体类型，再定义变量

```
union num
{
  int    a;
  char  ch;
  float  f;
};
  union num ab,bc;
```

（2）定义共用体类型的同时定义变量

```
union  num
{
  int    a;
  char  ch;
  float  f;
}ab,bc;
```

（3）直接定义共用体变量

```
union
{
  int    a;
  char  ch;
  float  f;
}ab,bc;
```

由于共用体变量所占内存的长度等于最长成员的长度，而不是各成员的长度之和。因此前面例子中 data 类型的变量 ab，占据的内存空间为 4 字节，而不是 2+1+4=7（字节）。

3．共用体变量的引用

由于共用体变量只分配一个存储单元，所以每次只能有一个成员发挥作用。因此共用体变量只能引用它的成员，其引用格式与结构体相同：

```
ab.a=69;
ab.f=23.67;
ab.ch='D';
```

共用体变量不能整体引用，下面这样书写是错误的：

```
printf("%d",ab);
```

说明：

① 每一时刻只能存放其中的一个成员，即每个时刻只有一个成员发挥作用。

② 只有最后一个存放的成员的值有效，其他成员将失去原值。如上面引用格式中的变量 ab，只有最后一个成员值 ab.ch='D'是有效的。

③ 共用体变量的地址和它的成员地址都是同一地址，即：&ab 和&ab.a、&ab.ch、&ab.f 的起始地址都是一样的。

④ 共用体变量不能初始化，也不能对变量名整体引用。

⑤ 共用体变量不能作为函数的参数，也不能作为函数返回值。但可以使用指向共用体变量的指针。

⑥ 共用体类型可以出现在结构体中，共用体成员也可以是结构体类型。

⑦ 可以使用共用体数组。

9.2.2　共用体类型应用案例

【案例 9.4】 观察下列程序，体会利用共用体实现共享空间。

具体程序如下：

```
#include "stdio.h"
union num
{
 char str[10];
 int n;
 float x;
};
    main()
    {
    union num ab;
    printf("    共享空间    \n");
    printf("请输入一个长度不超过 9 的字符串给共用体变量 ab: ");
```

```
        scanf("%s",ab.str);
        printf("请输入一个整数给共用体变量 ab: ");
        scanf("%d",&ab.n);
        printf("请输入一个单精度浮点数给共用体变量 ab: ");
        scanf("%f",&ab.x);
        printf("字符串为: %s",ab.str) ;
        printf("整数为: %d",ab.n) ;
        printf("单精度浮点数为: %f",ab.x) ;
    }
```

程序运行结果如图 9.2 所示。

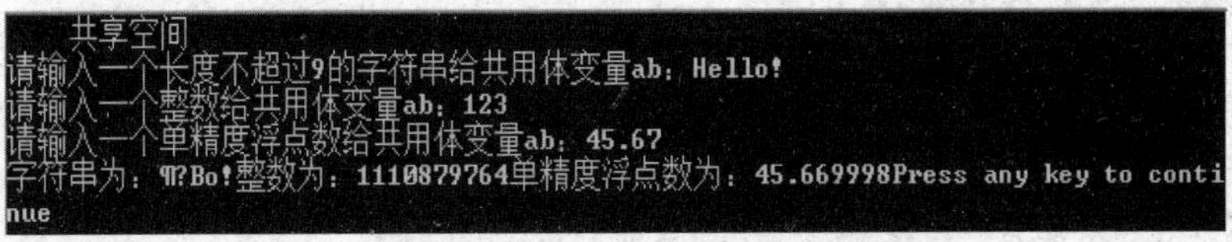

图 9.2　利用共用体共享空间

案例结果分析:

从图 9.2 中可以看出,在共用体中,所有的共用体成员共用一个空间,并且同一时间只能存储其中一个成员变量的值。在输入新数据后,原来的数据将被改写,因而原有数据成为无效数据。

9.3　枚　举　类　型

所谓"枚举",是指将变量的所有取值一一列举出来,变量的取值只限于列举出来的值的范围。该变量称为枚举型变量,所列举的值叫作枚举元素(又称枚举常量)。

1. 枚举类型定义

枚举类型需要用 enum 关键字说明,定义如下:

```
enum 枚举类型名
{
        枚举元素 1,
        枚举元素 2,
            ⋮,
        枚举元素 n
};
        enum 枚举类型名 变量列表;
```

2. 枚举类型变量定义

枚举类型一旦定义好后,就可以同其他数据类型一样,用来定义枚举类型的变量。

(1)先定义枚举类型,再定义变量

```
enum weekday
{
    sun,
    mon,
    tue,
    wd,
    thu,
    fri,
    sat };
    enum weekday day;
```

（2）定义枚举类型的同时定义变量

```
enum weekday
{
    sun,
    mon,
    tue,
    wd,
    thu,
    fri,
    sat
} day;
```

（3）直接定义枚举类型变量

```
enum
{
    sun,
    mon,
    tue,
    wd,
    thu,
    fri,
    sat
} day;
```

说明：

① C 语言中枚举元素是常量，其值按整型常数处理，它们有默认的值。默认值是系统按其定义顺序自动赋予的，分别为 0，1，2，3，4，…。因此前文所举的枚举元素 sun 的值为 0，mon 的值为 1，依次类推。

② 枚举变量的值就是它所取的枚举元素的值，此值可输出查看，如 day＝wd，则 day 的值为 3，可通过输出语句 printf("%d",day); 输出结果为 3。

③ 枚举元素值可以改变，但只能在定义时指定，绝不允许在程序的其他位置改变枚举元素的值。例如，enum weekday {sun=7,mon=1,tue,wd,thu,fri,sat };如果定义时未指定值，则

按顺序取默认值。

④ 枚举值可用来做判断比较，例如：

```
if(day= =mon)…;
if(day>wd  &&day<fri)…
```

⑤ 枚举变量的取值只能是所列举的枚举元素，不能直接赋予一个整数值。例如：day=4;
是错误的。当然可以采用强制类型转换的方式赋值，但多数情况下不采用。

9.4　用 typedef 为类型定义别名

复杂数据类型的使用极大地扩充了程序设计的范围，但由于其类型名中均包含这种复杂数据类型的关键字，如结构体类型名中要有 struct，共用体类型名要有 union，而枚举类型名要有 enum。但在程序中往往容易忽略，比如，在前面定义结构体变量 stu1 时，正确写法是 "struct studscore　stu1;"，却常常被错误地写成："studscore stu1;"。如果能像定义简单数据变量一样，通过一个单词或单词缩写表示类型名，那么定义复杂数据类型变量就会方便很多。

C 语言提供了 typedef 关键字，为数据类型起别名。利用 typedef 简化类型名，可以提高程序的可读性，有利于程序的移植。

为已有类型名定义别名的格式：

```
typedef 类型名  标识符;
```

例如：

typedef 　int 　INTE; ………………定义 INTE 为类型名 int 的别名。
typedef 　struct 　studscore 　　　SC ;………定义 SC 为类型名 struct studscore 的别名。
有了以上定义后，就可以按下面的方法定义变量了：
INTE 　a; ………………定义 int 变量 a。
SC stu1;………………定义 struct 　studscore 变量 stu1。

9.5　结构体程序设计实验指导

1. 实验目的

① 掌握结构体类型变量的定义和使用。
② 了解使用结构体指针变量的方法。

2. 实验内容

有一个学生基本情况表（如表 9-2 所示）。
（1）编写程序找出成绩最好的学生并输出该生的信息

表 9-2　学生基本情况表

学号（sno）	姓名（sname）	性别（sex）	年龄（age）	成绩（grade）
001	Zhang	M	18	92.5
002	Yang	F	19	91.3
003	Wang	M	19	90.4
004	Liu	F	18	95.4
005	Zhao	M	20	89.7

具体要求如下：

① 结构体类型定义为：

```
struct student
    { char sno[3];
    char sname[8];
    char sex;
    int age;
    float grade;
    }
```

② 在程序中定义一个结构体数组。

③ 利用 for 循环编程。

（2）利用冒泡排序法对表 9-2 按成绩（grade）从低到高排序

具体要求如下：

① 在程序中用一个结构体指针数组，其中每一个指针元素指向结构体类型的各元素。

② 在程序中先输出排序前的学生情况，然后输出排序后的结果，按表 8.1 给出的格式输出（不要表格边框线）。

方法说明：

冒泡排序的过程如下。

① 比较第一个成绩与第二个成绩，若为逆序，则交换；然后比较第二个成绩与第三个成绩；依次类推，直至第 $n-1$ 个成绩和第 n 个成绩比较完为止——第一趟冒泡排序，结果最大的成绩对应的学生信息被安置在最后一个位置上。

② 对前 $n-1$ 个成绩进行第二趟冒泡排序，结果使次大的成绩对应的学生信息被安置在第 $n-1$ 个元素位置。

③ 重复上述过程，共经过 $n-1$ 趟冒泡排序后，排序结束。

知识的延伸：

复杂数据类型定义好后，我们如何能够以最快的速度得知这种数据类型所对应变量在内存所占空间大小呢？

为了解决这个问题，C 语言提供了一个名为 sizeof 的操作符（不是函数！），其作用就是返回一个对象或者类型所占的内存字节数。

sizeof 有 3 种语法形式，如下：

① sizeof(object)；即 sizeof(对象)。

② sizeof(type_name)；即 sizeof(类型)。

③ sizeof object; 即 sizeof 对象。

因此，若有定义 int i;，则有：

sizeof(i);·····························正确

sizeof i;·····························正确

sizeof(int);·····························正确

sizeof int;·····························错误

sizeof(5);·····························2 的类型为 int，所以等价于 sizeof(int);

sizeof(7 +6.24);·····················6.24 的类型为 double，7 也会被提升成double

　　　　　　　　　　　　　　　　　类型，所以等价于 sizeof(double);

练习与实战

一、选择题

9.1　C 语言结构体类型变量在程序运行期间（　　）。

　　A. TC 环境在内存中仅仅开辟一个存放结构体变量地址的单元

　　B. 所有的成员一直驻留在内存中

　　C. 只有最开始的成员驻留在内存中

　　D. 部分成员驻留在内存中

9.2　下列各数据类型不属于复杂类型的是（　　）。

　　A. 枚举型　　　　　　B. 共用型　　　　　　C. 结构型　　　　D. 数组型

9.3　当说明一个结构体变量时系统分配给它的内存是（　　）。

　　A. 各成员所需内存量的总和

　　B. 结构中第一个成员所需内存量

　　C. 成员中占内存量最大者所需的容量

　　D. 结构中最后一个成员所需内存量

9.4　C 语言结构体类型变量在执行期间（　　）。

　　A. 所有成员一直驻留在内存中

　　B. 只有一个成员驻留在内存中

　　C. 部分成员驻留在内存中

　　D. 没有成员驻留在内存中

9.5　有以下说明语句：

```
struct stu
{
```

```
    int a;
        float b;
}stutype;
```

则下面叙述不正确的是（   ）。

    A．struct 是结构体类型的关键字   B．struct   stu 是用户定义的结构体类型

    C．stutype 是用户定义的结构体类型名   D．a 和 b 都是结构体成员名

9.6   设有以下说明语句：

```
typedef struct
{    int n;
     char ch[8];
} kk;
```

则下面叙述中正确的是（   ）。

    A．kk 是结构体变量名   B．kk 是结构体类型名

    C．typedef struct 是结构体类型   D．struct 是结构体类型名

9.7   已知有如下定义：

```
struct s{char ch; double x;}num,*p;
```

若有 p=&num，则对 num 中的成员的正确引用是（   ）。

    A．(*p).num.ch   B．(*p).ch   C．p–>num.ch   D．p.num.ch

9.8   设有以下语句：

```
typedef struct TT
{char c;int a[4];}CIN;
```

则下列叙述中正确的是（   ）。

    A．可以用 TT 定义结构体变量

    B．TT 是 struct 类型的变量

    C．可以用 CIN 定义结构体变量

    D．CIN 是 struct TT 类型的变量

9.9   以下程序的运行结果是（   ）。

```
#include "stdio.h"
main()
{
struct date
    {
    int year,month,day;
    } today;
      printf("%d ",sizeof(struct date)
    );
}
```

A. 6   B. 8   C. 10   D. 12

9.10 设有如下定义:

```
struck sk
{
int a;
    float b;
} data;
int *p;
```

若要使 P 指向 data 中的 a 成员, 正确的赋值语句是 ( )。

A. p=&a;   B. p=data.a;   C. p=&data.a;   D. *p=data.a;

9.11 以下对结构体类型变量的定义中, 不正确的是 ( )。

```
A. typedef struct sj
   {
   int n;
       float m;
   } SJ;
   SJ kk;
```

```
B. #define SJ struct aa
   SJ {
   int n;
       float m;
   } kk;
```

```
C. struct
   {
   int n;
       float m;
   } sj;
   struct sj kk;
```

```
D. struct
   {
   int n;
       float m;
   } kk;
```

9.12 若有下面的说明和定义:

```
struct exc
{
int a1; char a2; float a3;
union ss { char s1[5]; int s2[2];} hh;
} myas;
```

则 sizeof(struct exc)的值是 ( )。

A. 12   B. 16   C. 14   D. 9

9.13 以下程序的输出是 ( )。

```
struct st
{
int x;
int *y;
} *p;
int dt[4]={ 10,20,30,40};
struct st aa[4]={ 50,&dt[0],60,&dt[0],60,&dt[0],60,&dt[0]};
main()
{   p=aa;
    printf("%d ",++(p->x));
}
```

> A. 10 　　　　　　B. 11 　　　　　　C. 51 　　　　　　D. 60

9.14　下列关于 typedef 的叙述错误的是（　　　）。

> A. 用 typedef 可以增加新的类型
> B. typedef 只是将已存在的类型用一个新的名字来代表
> C. 用 typedef 可以为各种类型说明一个新名，但不能用来为变量说明一个新名
> D. 用 typedef 为类型说明一个新名，通常可以增加程序的可读性

二、上机实战

9.15　设有 3 个候选人 Zhang，Li，Wang，任意输入一个得票的候选人名字（一般输入不超过 20 次），统计每个人的得票结果。

9.16　定义一个结构体类型，用以表示年、月、日的数据，并编写程序：

① 求两个日期之间的天数。

② 输入任一日期，求出该天是星期几。

附录 A　C 语言的库函数

　　函数库是由系统建立的具有一定功能的函数的集合。库中存放函数的名称和对应的目标代码，以及连接过程中所需的重定位信息。用户也可以根据自己的需要建立自己的用户函数库。库函数是存放在函数库中的函数。库函数具有明确的功能、入口调用参数和返回值。编程人员要使用某个库函数时，只需把它所在的文件名用#include<>加到里面就可以了（尖括号内填写文件名），例如，#include <stdio.h>。

　　C 语言的库函数并不是 C 语言本身的一部分，它是由编译程序根据一般用户的需要编制并提供给用户使用的一组程序。C 的库函数极大地方便了用户，同时也补充了 C 语言本身的不足。事实上，在编写 C 语言程序时，应当尽可能多地使用库函数，这样既可以提高程序的运行效率，又可以提高编程的质量。

　　本附录按照 C 语言库函数的头文件进行分类，限于篇幅，本附录仅收录了本教材所需要的最基本的函数。

输入/输出库：stdio.h

函数名	函数原型	功能	参数说明	返回值
clearerr	void　clearerr(FILE *stream);	复位错误标志	stream 为指向文件的结束标记和错误标记	无
fclose	int　fclose(FILE * stream);	关闭流文件	stream 为指向要关闭文件的指针	关闭成功则返回 0；否则返回 EOF（-1）
feof	int　feof(FILE * stream);	检测流上的文件结束符	stream 为需要检测的流	检测成功则返回非 0；否则返回 0
ferror	int　ferror(FILE * stream);	检测流上的错误	stream 为需要检测的流	检测到错误则返回非 0；否则返回 0
fflush	int　fflush(FILE *stream);	清除一个流	stream 为要清除的文件流	刷新成功则返回 0；指定的流没有缓冲区域或只读打开时也返回 0；否则返回 EOF 并指出一个错误
fgetc	int　fgetc(FILE * stream)	用于从流中读取字符	steam 为要读取的流	读取的字符
fgetchar	int　fgetchar(void);	从流中读取字符	没有参数	读取的字符
fgets	char　*fgets(char *string, int n, FILE *stream);	从流中读取一字符串	string 为要读取的字符串；n 为要读取字符串的长度；stream 为要读取的流	string 的地址
fopen	FILE　*fopen(char * file, char * mode)；	打开文件流	file 为要打开的文件；mode 为打开文件的方式	文件流
fprintf	int　fprintf(FILE *stream, char *format[, argument,…]);	将格式化内容输出到一个流中	steam 为要输出的流；format 为要输出的格式	输出字符的个数
fputchar	int　fputchar(char ch);	输出一个字符到标准输出流（stdout）中	ch 为要输出的字符	最后一个字符输出流

函数名	函数原型	功能	参数说明	返回值
fputs	int fputs(char *string, FILE *stream);	将字符串输入到流中	string 为要输出的字符串；stream 为要输出的流	成功返回非负值；若写入错误返回 EOF
fread	int fread(void *ptr, int size, int nitems, FILE *stream);	从一个流中读数据	ptr 为欲存放读取的数据的空间；size 为读取字符的长度；nitems 为要读取字符的数量；stream 为要读取的数据流	读取字符的数量，即 nitems 值
freopen	FILE *freopen(char *filename, char *mode, FILE *p);	替换一个流	filename 为要打开的文件；mode 为文件打开的方式；p 为文件指针	成功返回非 0 值；否则返回 0
fscanf	int fscanf(FILE *stream, char *format[,argument，…]);	从一个流中执行格式化输入	stream 为要输入的流；format 为制定的格式	转换和存储输入字段的个数，若遇文件结束返回 EOF
fseek	int fseek(FILE *stream, long offset, int position);	重定位流上的文件指针	stream 为要重定位的流；offset 为重定位的偏移量；position 为重定位的位置	成功返回 0，出错或失败返回非 0
ftell	long ftell(FILE *stream);	返回当前文件指针	stream 为需要返回指针的文件流	当前文件指针的位置
fwrite	int fwrite(void *ptr, int size, int nitems, FILE *stream);	写内容到流中	ptr 为要写入的内容；size 为要写入字符的长度；nitems 为要写入字符的数量；stream 为要写入的数据流	写入字符的数量，即 nitems 值
getc	int getc(FILE *stream);	从流中取字符	stream 为要从中读取字符的文件流	要读取的字符
getchar	int getchar(void);	从标准文件（stdin）流中读字符	没有参数	所读字符
gets	char *gets(char *string);	从流中取一个字符串	string 为从给定文件中读取的字符串	参数 string 的值
getw	int getw(FILE *stream);	从流中取一个整数	stream 为要取整数的流	从流中取得的整数
printf	int printf(char *format…);	产生格式化输出的函数	format 为要输出的格式	输出字符的个数
putc	int putc(int ch, FILE *stream);	输出一个字符到指定流中	ch 为用户指定的字符；stream 为要输出的流	读取到的字符
putchar	int putchar(int ch);	在标准文件(stdout)上输出字符	ch 为要输出的字符	输出的字符，即 ch 的值
puts	int puts(char *string);	送一个字符串到流中	string 为要进行输出的字符串	成功则返回非负值，若输出失败则返回 EOF
putw	int putw(int w, FILE *stream);	把一个字符或字送到流中	w 为要输出字符的ASCII码值；stream 为要输出的文件流	输出的整数
rename	int rename(char *oldname, char *newname);	重命名文件	oldname 为原来的文件名；newname 为改后的文件名	成功则返回 0，若出错则返回非 0
remove	int remove(char *filename);	删除一个文件	filename 为要删除的文件名	成功则返回 0，若删除失败则返回非 0
rewind	void rewind(FILE *stream);	将文件指针重新指向一个流的开头	stream 为要操作的流	没有返回值
scanf	int scanf(char * format [, argument,…]);	执行格式化输入	format 为要输入的格式	输入字符的个数

数学函数库：math.h

函数名	函数原型	功能	返回值
abs	int　abs(int x);	求整型数 x 的绝对值	参数 x 的绝对值
acos	double　acos(double x);	求双精度数 x 的反余弦函数	给定值 x 的反余弦值
asin	double　asin(double x);	求双精度数 x 的反正弦函数	给定值 x 的反正弦值
atan	double　atan(double x);	求双精度数 x 的反正切函数	给定值 x 的反正切值
atan2	double　atan2(double y, double x);	计算 y/x 的反正切值	x 和 y 的商的反正切值
cos	double　cos(double x);	求双精度数 x 的余弦函数	给定值 x 的余弦值
cosh	dluble　cosh(double x);	求双精度数 x 的双曲余弦函数	给定值 x 的双曲余弦值
exp	double　exp(double x);	求 e 的 x 次幂函数	e^x
fabs	double　fabs(double x);	求浮点数 x 的绝对值	双精度实数 x 的绝对值
floor	double　floor(double x);	对 x 进行向下舍入	不大于 x 的最大整数
fmod	double　fmod(double x, double y);	计算 x 对 y 的模，即 x/y 的余数	x/y 的余数
frexp	double　frexp(double x, int *eptr);	把一个双精度数 x 分解为数字部分和以 2 为底的指数 n，即 x=m*2^n，n 存储在 eptr 所指向的变量中	返回分解后的尾数 m
hypot	double　hypot(double x, double y);	计算直角边为 x，y 的直角三角形的斜边长	直角三角形斜边的长度
labs	long labs(long x);	求长整型 x 的绝对值	参数 x 的绝对值
ldexp	double　ldexp(double x, int exp);	计算 x*（2^exp）的	x*(2^exp)的值
log	double　log(double x);	对数函数 ln(x)	参数 x 的自然对数值
log10	double　log10(double x);	计算 x 的以 10 为底的对数	log$_{10}$(x)
modf	double　modf(double x, double *iptr);	把双精度数 x 分为指数和尾数，iptr 为回传整数部分的变量指针	x 的小数部分
pow	double　pow(double x, double y);	指数函数(x 的 y 次幂)	x 的 y 次幂
pow10	double　pow10(int x);	指数函数(10 的 p 次方)	10 的 x 次幂
sin	double　sin(double x);	求双精度数 x 的正弦函数	给定值 x 的正弦值
sinh	double　sinh(double x);	求双精度数 x 的双曲正弦函数	给定值 x 的双曲正弦值
sqrt	double　sqrt(double x);	求双精度数 x 的平方根	给定值 x 的平方根
tan	double　tan(double x);	求双精度数 x 的正切函数	给定值 x 的正切值
tanh	double　tanh(double x);	求双精度数 x 的双曲正切函数	给定值 x 的双曲正切值

字符函数库：ctype.h

函数名	函数原型	功能	返回值
isascii	int isascii(int ch);	判断字符 ch 是否为 ASCII 码，即 ch 是否在 0～127 之间	不是 ASCII 码则返回 0，是则返回非 0
isalnum	int isalnum(int ch);	判断字符 ch 是否为字母或数字	不是字母或数字则返回 0，是则返回非 0
isalpha	int isalpha(int ch);	判断字符 ch 是否为英文字母	不是英文字母则返回 0，是则返回非 0
iscntrl	int iscntrl(int ch);	判断字符 ch 是否为控制字符	不是控制字符则返回 0，是则返回非 0
isdigit	int isdigit(int ch);	判断字符 ch 是否为十进制数字	不是十进制数字则返回 0，是则返回非 0
isgraph	int isgraph(int ch);	判断字符 ch 是否为除空格外的可打印字符	不是打印字符则返回 0，是则返回非 0
islower	int islower(int ch);	判断字符 ch 是否为小写英文字母	不是小写英文字符则返回 0，是则返回非 0
isprint	int isprint(int ch);	判断字符 ch 是否为可打印字符	不是可打印字符则返回 0，是则返回非 0
ispunct	int ispunct(int ch);	判断字符 ch 是否为标点符号	不是标点符号则返回 0，是则返回非 0
isspace	int isspace(int ch);	判断字符 ch 是否为空白字符	不是空白字符则返回 0，是则返回非 0
isupper	int isupper(int ch);	判断字符 ch 是否为大写英文字母	不是大写英文字母则返回 0，是则返回非 0
isxdigit	int isxdigit(int ch);	判断字符 ch 是否为十六进制数字	不是十六进制数字则返回 0，是则返回非 0
toascii	int toascii(int ch);	把一个非 ASCII 字符 ch 转换成 ASCII 码	转换后的字符
tolower	int tolower(int ch);	把大写字母 ch 转换为小写字母	转换后的字符
toupper	int toupper(int ch);	把小写字母 ch 转换成大写字母	转换后的字符

字符串函数库：string.h

函数名	函数原型	功能	返回值
strcat	char *strcat(char *str1, char *str2);	将字符串 str2 接到 str1 的后面，str1 最后面的 '\0' 被取消	str1
strchr	char *strchr(char *str, int ch);	找出字符串 str 中第一个出现字符 ch 的位置	字符 ch 第一次出现的位置，若找不到，则返回空指针
strcmp	int strcmp(char *str1, char * str2);	比较两个字符串 str1、str2 的大小	str1>str2，返回正数；str1=str2，返回 0；str1<str2，返回负数
strcmpi	int strcmpi(char *str1, char *str2);	比较两个字符串 str1、str2 的大小且不区分大小写	str1>str2，返回正数；str1=str2，返回 0；str1<str2，返回负数
strcpy	char * strcpy(char *str1, char *str2);	将 str2 指向的字符串复制到 str1 中	str1

续表

函数名	函数原型	功能	返回值
strlen	int　strlen(char *str);	统计字符串 str 中字符的个数（不包括终止符'\0'）	字符个数
strlwr	char　*strlwr(char *str);	将字符串 str 中的大写字母转换成小写字母	转换后的小写形式的字符串
strstr	char *strstr(char *str1, char *str2);	在 str1 字符串中查找指定字符串 str2 第一次出现的位置	返回指向第一次出现匹配字符串位置的指针；若找不到，返回空指针
strupr	char *strupr(char *str);	将字符串 str 中的小写字母转换成大写字母	转换后的大写形式的字符串

标准工具库函数库：stdlib.h

函数名	函数原型	功能	返回值
abort	void abort(void);	写一个终止信息到 stderr，并异常终止程序	没有返回值
calloc	void *calloc(size_t n, size_t s);	分配 n 个数据项的内存连续空间，每个数据项的大小为 s 个字节	分配内存单元的起始地址；若分配不成功，返回 0
free	void　free(void *ptr);	释放已分配的 ptr 指向的内存空间	没有返回值
malloc	void *malloc(unsigned size);	分配 size 字节的内存块	分配内存块的起始地址；若内存不够，返回 0
rand	int　rand(void);	用于生成随机数	产生的随机数
random	int　random(int num);	用于按给定的最大值 num 生成随机数	不大于给定值的随机数
randomize	void　randomize(void);	用于初始化随机数发生器	没有返回值
realloc	void *realloc(void *ptr, unsigned size);	将 ptr 所指向的已分配的内存块的大小改为 size	重新分配内存块的指针

参 考 文 献

[1] 郑保平，高屹. C语言实践教程. 北京：清华大学出版社，2010.

[2] 马秀丽，刘志妩，虞闯. C语言实践训练. 北京：清华大学出版社，2010.

[3] 高敬阳，李芳. C程序设计教程与实训（第2版）. 北京：清华大学出版社，2010.

[4] 刘韶涛，潘秀霞，应晖. C语言程序设计. 北京：清华大学出版社，2011.

[5] 高国红，付俊辉，曲培新. C语言程序设计案例教程. 北京：清华大学出版社，2012.

[6] 裘宗燕. 从问题到程序——程序设计与C语言引论（第2版）. 北京：机械工业出版社，2011.

[7] 何勤. C语言程序设计：问题与求解方法. 北京：机械工业出版社，2012.

[8] 刘明军等. C语言程序设计. 北京：电子工业出版社，2007.

[9] 刘明军. C语言程序设计（第2版）. 北京：电子工业出版社，2011.

[10] 董卫军. C语言程序设计. 北京：电子工业出版社，2011.

[11] 张敏霞，孙丽凤，王秀鸾. C语言程序设计教程（第3版）. 北京：电子工业出版社，2013.